# 高质量软件构建方法与实践

董昕 梁艳 王杰 著

电子工业出版社
Publishing House of Electronics Industry
北京·BEIJING

## 内 容 简 介

本书系统地讲述了贯穿整个软件生命周期的高质量软件产品的构建方法与质量保证体系。全书共 7 章，以软件研发过程中广泛使用的顺序模型为逻辑主线：第 1 章为概述；第 2～第 4 章讲述软件需求分析、策划及设计；第 5～第 7 章讲述软件实现、测试及持续集成与持续改进。

本书紧密结合行业标准和工程实践，主要面向致力于提高软件质量的软件行业从业人员及软件项目相关人员，包括项目经理、架构师、设计师、开发人员、测试人员及其他项目干系人等，也可供软件工程、计算机科学与技术及相关专业的学生参考。

未经许可，不得以任何方式复制或抄袭本书部分或全部内容。
版权所有，侵权必究。

**图书在版编目（CIP）数据**

高质量软件构建方法与实践 / 董昕，梁艳，王杰著. —北京：电子工业出版社，2023.6
ISBN 978-7-121-45761-6

Ⅰ.①高…　Ⅱ.①董…　②梁…　③王…　Ⅲ.①软件开发　Ⅳ.①TP311.52

中国国家版本馆 CIP 数据核字（2023）第 108140 号

责任编辑：夏平飞
印　　刷：三河市君旺印务有限公司
装　　订：三河市君旺印务有限公司
出版发行：电子工业出版社
　　　　　北京市海淀区万寿路 173 信箱　邮编：100036
开　　本：720×1 000　1/16　印张：14.25　字数：279 千字
版　　次：2023 年 6 月第 1 版
印　　次：2024 年 1 月第 2 次印刷
定　　价：98.00 元

凡所购买电子工业出版社图书有缺损问题，请向购买书店调换。若书店售缺，请与本社发行部联系，联系及邮购电话：（010）88254888，88258888。
质量投诉请发邮件至 zlts@phei.com.cn，盗版侵权举报请发邮件至 dbqq@phei.com.cn。
本书咨询联系方式：（010）88254498。

# 前 言

工业和信息化部印发的《"十四五"软件和信息技术服务业发展规划》，明确了软件作为信息技术关键载体和产业融合关键纽带在数字化发展进程中发挥的重要作用，分析了加速向网络化、平台化、智能化方向发展，驱动云计算、大数据、人工智能、5G、区块链、工业互联网、量子计算等新一代信息技术迭代创新、群体突破，加快数字产业化步伐，不断提升软件产业创新活力，坚持补短板、锻长板等发展形势，同时对结构性改革、应用牵引整机带动和生态培育等三方面提出了五大任务：推动软件产业链升级、提升产业基础保障水平、强化产业创新发展能力、激发数字化发展新需求、完善协同共享产业生态，并在七大方向上支持软件高质量发展，促进软件领域大发展。

软件是新一代信息技术的灵魂，是数字经济发展的基础，是制造强国、质量强国、网络强国、数字中国建设的关键支撑。发展软件和信息技术服务业，对于加快建设现代产业体系具有重要意义。在当今这个"软件定义一切"的时代，本书的出版顺应大势，希望能为我国软件产业的高质量发展贡献绵薄之力。

本书由董昕、梁艳、王杰撰写。其中，梁艳撰写第2章和第4章，并补充第1章和第3章的部分实践内容；王杰撰写第7章，并补充第6章的部分实践内容；其他章节由董昕撰写。

本书得到了国家留学基金管理委员会和四川省教育厅西部项目地方创新子项目（202008510173）的资助，以及四川省高等学校人文社会科学重点研究基地·四川省教育信息化应用与发展研究中心重点项目（JYXX22-001，JYXX22-019）、四川省教育信息技术研究项目（DSJ2022054）、四川省无人机产业发展研究中心科研项目、四川省教育厅人文社科重点研究基地四川网络文化研究中心资助科研项目（WLWH22-35）、四川省大学生创新创业训练计划项目（S202211116001，

S202211116004）的支持，在此表示由衷的感谢！

  2023年2月，中共中央、国务院印发的《质量强国建设纲要》特别指出："支持通用基础软件、工业软件、平台软件、应用软件工程化开发，实现工业质量分析与控制软件关键技术突破。"没有质量，如何强国？让我们携手共建高质量软件，为质量强国保驾护航吧！

董昕

2023年春

# 目 录

**第1章 软件生命周期与软件质量保证** ·················································· 1
  1.1 软件生命周期概述 ································································· 1
  1.2 开发模型与方法 ··································································· 2
      1.2.1 瀑布模型 ································································· 2
      1.2.2 增量模型 ································································· 3
      1.2.3 原型模型 ································································· 5
      1.2.4 迭代模型 ································································· 5
      1.2.5 敏捷方法 ································································· 8
      1.2.6 开发模型与方法的实际应用 ·········································· 10
      1.2.7 工程实践：改进型项目的开发模型 ·································· 12
  1.3 软件质量的成本 ·································································· 19
  1.4 软件质量保证与测试 ···························································· 21
  1.5 测试模型 ··········································································· 23
      1.5.1 V 模型 ·································································· 23
      1.5.2 W 模型 ································································· 24
      1.5.3 H 模型 ································································· 25
      1.5.4 X 模型 ································································· 26
      1.5.5 前置测试模型 ························································· 27
  1.6 本章小结 ··········································································· 29

**第2章 软件需求** ······································································ 30
  2.1 软件需求获取和分析 ···························································· 31
      2.1.1 需求获取活动 ························································· 32
      2.1.2 需求获取方法之面谈 ·················································· 35

- 2.1.3 需求获取方法之原型法 ················· 38
- 2.1.4 工程实践：前景和范围 ················· 44
- 2.1.5 需求分析方法和流程 ················· 47
- 2.1.6 工程实践：用例说明文档 ················· 49
- 2.2 软件需求定义和验证 ················· 51
  - 2.2.1 软件需求规格说明 ················· 51
  - 2.2.2 工程实践：软件需求规格说明 ················· 53
  - 2.2.3 需求验证 ················· 58
- 2.3 需求管理 ················· 59
  - 2.3.1 需求基线 ················· 60
  - 2.3.2 需求跟踪 ················· 60
  - 2.3.3 需求变更控制 ················· 61
- 2.4 需求分析实施 ················· 64
- 2.5 本章小结 ················· 65

## 第3章 软件策划

- 3.1 软件计划 ················· 67
  - 3.1.1 软件项目管理计划 ················· 67
  - 3.1.2 软件质量保证计划 ················· 76
  - 3.1.3 软件配置管理计划 ················· 78
  - 3.1.4 软件测试计划 ················· 81
- 3.2 内容可以大于形式的评审 ················· 90
  - 3.2.1 正式评审过程 ················· 91
  - 3.2.2 评审角色和职责 ················· 92
  - 3.2.3 评审类型 ················· 93
  - 3.2.4 评审技术 ················· 95
  - 3.2.5 支持评审的工具 ················· 98
  - 3.2.6 评审成功的因素 ················· 99
- 3.3 软件策划实践 ················· 100
  - 3.3.1 工作分解和进度安排 ················· 100
  - 3.3.2 改进型工作分解和进度安排 ················· 102
- 3.4 经验教训总结 ················· 105

3.5 本章小结 ··········································································· 107

# 第4章 软件设计 ······································································· 108
## 4.1 体系结构设计 ································································· 108
### 4.1.1 系统逻辑架构设计 ··················································· 109
### 4.1.2 系统物理架构设计 ··················································· 110
## 4.2 用户界面设计 ································································· 113
## 4.3 数据库设计 ···································································· 114
### 4.3.1 数据库结构设计 ····················································· 115
### 4.3.2 数据库运用设计 ····················································· 117
## 4.4 模块设计 ······································································· 118
## 4.5 设计评审 ······································································· 120
## 4.6 软件设计实践 ································································· 120
### 4.6.1 绿灯会议 ······························································ 121
### 4.6.2 六西格玛设计 ························································ 123
### 4.6.3 数据建模和算法设计实践 ········································· 130
## 4.7 本章小结 ······································································· 132

# 第5章 软件实现 ······································································· 134
## 5.1 编码的底线及规范 ·························································· 134
## 5.2 看上去很美的组件测试 ···················································· 140
### 5.2.1 组件测试的范围及流程 ············································ 140
### 5.2.2 创建组件测试的入口准则与出口准则 ·························· 141
### 5.2.3 执行组件测试的入口准则与出口准则 ·························· 142
### 5.2.4 组件测试的角色和职责 ············································ 143
### 5.2.5 组件测试的设置和创建 ············································ 144
### 5.2.6 组件测试的执行 ····················································· 145
## 5.3 软件编码实践 ································································· 146
### 5.3.1 测试驱动开发 ························································ 146
### 5.3.2 代码静态分析 ························································ 150
## 5.4 本章小结 ······································································· 152

# 第6章 软件测试 ······································································· 154
## 6.1 集成测试 ······································································· 154

VII

## 6.2 系统测试与验收测试 · 157
### 6.2.1 系统测试 · 157
### 6.2.2 验收测试 · 158
## 6.3 软件测试实践 · 160
### 6.3.1 集成测试之自动化执行 · 160
### 6.3.2 系统测试之内存测试 · 162
### 6.3.3 验收测试之语音传输质量测试 · 170
### 6.3.4 基于虚拟化容器技术的自动编译测试 · 178
## 6.4 本章小结 · 182

# 第7章 持续集成与持续改进 · 184
## 7.1 基于DevOps能力模型的持续集成 · 184
### 7.1.1 持续集成系统 · 185
### 7.1.2 持续集成模型的3个维度 · 187
### 7.1.3 持续集成方法的使用 · 193
## 7.2 基于精益数据分析的DevOps能力评估 · 196
### 7.2.1 DevOps能力评估方法概述 · 196
### 7.2.2 评估方法的应用 · 199
### 7.2.3 DevOps能力的评估结果 · 201
## 7.3 软件缺陷预防 · 202
### 7.3.1 缺陷预防的概念及意义 · 203
### 7.3.2 现有的缺陷预防方法 · 203
### 7.3.3 新的缺陷预防方法 · 205
## 7.4 本章小结 · 214

# 参考文献 · 215

# 第1章
# 软件生命周期与软件质量保证

产品本身其实就是企业文化的体现，真正用心去使用产品的人都能体会到它的存在。一个知名公司的文化、智慧、能力，乃至于三观等最终会浓缩在每一件产品上。产品质量是公司价值的体现，也是公司的生存之道。

## 1.1 软件生命周期概述

软件工程是唯一一个产生了比人类历史出现的任何其他工程领域都要多的各种工具、方法学和语言：目前有约60种软件开发方法学、50种静态分析工具、40种软件设计方法、37个基准组织、25种规模度量指标、20种项目管理工具、22类测试。此外，还有至少3000种程序设计语言，虽然常用的不会超过100种。平均每两周就会有一种新的程序设计语言宣布，每个月就会诞生一种新工具，每10个月就会出现一种新的方法学。事实说明，没有一种可以充分适用于所有类型的软件，否则会形成标准，并消灭掉其他工具、方法学和语言。产生3000种程序设计语言、60种方法学很难从技术上作出解释。

——Capers Jones《软件方法论：定量指南》(*Software Methodologies: A Quantitative Guide*)

软件工程是"多人开发多版本程序"。要把软件工程做好，必须将软件开发过程划分为需求分析、概要及详细设计、编码实现、测试、发布、维护等若干活动，并将这些活动以适当的方式分配到不同的阶段中去完成，于是产生了软件生命周期模型。软件组织在开发软件项目或产品时，首先在技术上必须选择一个软件生命周期模型；随后通过对软件生命周期模型的裁剪，给出适于本项目或产品的软件生命周期定义；以软件生命周期定义为标准，在需求定义之后，编制详细的软件开发计划；最后项目组按计划进行软件开发，软件工程管理部门按计划进行软件开发过程跟踪与管理。目前，业界比较常见的软件开发生命周期模型有瀑布模型、增量模型、原型模型、迭代模型和敏捷方法。

## 1.2 开发模型与方法

### 1.2.1 瀑布模型

20世纪70年代，温斯顿·罗伊斯（Winston Royce）提出了瀑布模型，直到80年代早期，它一直是唯一被广泛采用的软件开发模型。直至今日，该模型仍然具有强大的生命力。瀑布模型（Waterfall Model）又称流水式过程模型，它形象地用阶梯瀑布描述，水由上而下一个阶梯一个阶梯地倾泻下来，最后进入一个风平浪静的大湖，这个大湖就是软件企业的产品库，该产品库建立在软件企业的服务器上，如图1-1所示。

图1-1　广西德天瀑布

在瀑布模型中，软件开发的各项活动严格按照线性方式进行，当前阶段的活动接受上一阶段活动的工作结果，并完成所需的工作内容。需要对当前阶段活动的工作结果进行验证，如果验证通过，则该结果作为下一阶段活动的输入，继续进行下一阶段的活动，否则返回上一阶段修改。

在瀑布模型中，软件生命周期的过程是由需求、设计、编码、测试、发布等阶段组成的，把每个阶段作为瀑布中的一个台阶，把软件生存过程比喻成瀑布中的流水，软件生存过程在这些台阶中由上向下地流动。瀑布模型规定了各项关键软件工程活动，自上而下、相互衔接、逐级下落，如同瀑布的固定次序，如图 1-2 所示。当发现某一阶段的上游存在缺陷时，可以通过追溯，予以消除或改进，但要付出很大代价，因为水要在瀑布台阶上倒过来向上流动，需要消耗很多能源或动力。

软件开发过程规划为"需求—设计—编码—测试—发布"的线性过程，其最大特点就是简单直观。里程碑或基线驱动，或者说文档驱动。

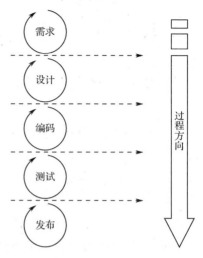

图 1-2　瀑布模型示意图

过程逆转性很差或者说不可逆转，根据上游的错误会在下游发散性传播的原理，逆转将会延误工期，增加成本，造成重大损失。

瀑布模型的缺点是：瀑布只能一个台阶一个台阶地往下流，不可能倒着往上流。瀑布式生命周期通常会导致项目后期，如实施阶段（当第一次构建产品并开始测试时）出现"问题堆积"，在整个分析、设计和实现阶段隐藏下来的问题，会在这时逐步暴露出来。更可怕的是，错误的传递会发散扩大。

为了克服瀑布模型的缺陷，微软公司采取严格的里程碑管理制度。能力成熟度模型集成（Capability Maturity Model Integration，CMMI）则采取阶段评审和不符合项（Noncompliance Items）动态跟踪制度，只有前一阶段的不符合项全部改正后，才允许开发人员进入后一阶段的工作。所谓不符合项，是在评审中发现的问题项，它与 Bug 既有联系，又有区别。对于这些不符合项，软件管理部门要列出表格，记录在案，确定责任人，限定改正时间，动态跟踪到底。

## 1.2.2　增量模型

增量模型（Incremental Model）是遵循递增方式来进行软件开发的。软件产品被作为一组增量构件（模块），每次需求分析、设计、实现、集成、测试和交付一起构建，直到所有构件全部实现为止。这一过程就像小孩子搭积木盖房子一样，如图 1-3 所示。

| 第1次集成 | 第1块积木 | | | | | | |
|---|---|---|---|---|---|---|---|
| 第2次集成 | 第1块积木 | 第2块积木 | | | | | |
| 第3次集成 | 第1块积木 | 第2块积木 | 第3块积木 | | | | |
| …… | …… | …… | …… | …… | | | |
| 第N次集成 | 第1块积木 | 第2块积木 | 第3块积木 | 第4块积木 | …… | 第N块积木 | |

图 1-3 增量模型示意图

增量模型的本意是：要开发一个大的软件系统，应该先开发其中的一个核心模块（或子系统），然后开发其他模块（或子系统），这样一个一个模块（或子系统）增加上去，就像搭积木一样，直至整个系统开发完毕。增量模型的特点为任务或功能模块驱动，可以分阶段提交产品；有多个任务单，这些任务单的集合构成项目的一个总《任务书》或总《用户需求报告》/《需求规格说明书》。当然，在每增加一个模块前，先要对该模块进行模块测试，通过后再将此模块加入系统中，然后进行系统集成测试，系统集成测试成功后，再增加新的模块。这样多次循环，直到系统搭建完毕。由此可见，这样的软件系统本身应该是模块化的，每个模块应该是高内聚（模块内部的数据与信息关系紧密）、低耦合（模块之间的数据与信息联系松散）、信息隐蔽（模块包装后信息很少外露）的，这样的模块当然是可组装、可拆卸的。

不是任何软件都适合采用增量模型，软件项目或产品选择增量模型必须满足下列条件：

（1）在整个项目开发过程中，需求都可能发生变化，客户接受分阶段交付。

（2）分析设计人员对应用领域不熟悉，难以一步到位。

（3）中等或高风险项目。

（4）用户可参与到整个软件开发过程中。

（5）使用面向对象语言或第四代语言。

（6）软件公司自己有较好的类库、构件库。

增量模型的优点：由于将一个大系统分解为多个小系统，就等于将一个大风险分解为多个小风险，因此降低了开发难度；人员分配灵活，刚开始不用投入大量人力资源。如果核心模块产品很受欢迎，则可增加人力实现下一个增量。当配备的人员不能在设定的期限内完成产品时，它提供了一种先推出核心产品的途径，即可先发布部分模块给客户，对客户起到镇静剂的作用。

增量模型的缺点：如果软件系统的组装和拆卸性不强，或开发人员全局把握水平不高（没有数据库设计专家进行系统集成），或者客户不同意分阶段提交产品，或者开发人员过剩，都不宜采用这种模型。

### 1.2.3 原型模型

当高级别需求只对软件产品的期望有一个总体的看法,而缺乏关于系统输入、处理需求和输出要求的详细信息时,可以采用原型模型来开发软件。原型模型反映了通过客户与产品的原型不断地进行交互和试验来增加开发过程灵活性的尝试,如图 1-4 所示。一旦客户对原型的功能感到满意,开发过程就会继续,开发人员确定客户实际需求规格说明。在此过程中根据项目的工作量估算系统组件的复杂程度,确定客户的需求并确定客户是否对原型的功能感到满意是必不可少的。如果原型的第一个版本不能满足客户的需求,那么必须迅速转换成第二个版本。原型模型可以大大降低风险。

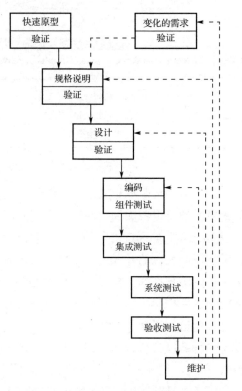

图 1-4 原型模型示意图

### 1.2.4 迭代模型

针对瀑布模型的缺陷,人们提出了迭代模型(Iterative Model)。在多种迭代模型中，美国的 I. Jacobson、G. Booch 和 J. Rumbaugh 三位软件专家提出的 RUP（Rational Unified Process）模型最成功。RUP 试图集中所有的生命周期开发模型的优点，用统一的建模语言 UML 加以实现。RUP 模型示意图如图 1-5 所示。

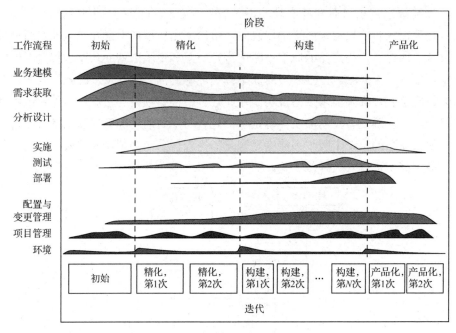

图 1-5　RUP 模型示意图

迭代是指活动的多次重复。原型不断完善，增量不断产生，都是迭代的过程。因此，原型模型和增量模型都可以看成局部迭代模型。但这里所讲的迭代模型是由 RUP 推出的一种"逐步求精"的面向对象的软件开发过程模型，被认为是软件界迄今为止最完善、可实现商品化的开发过程模型。为使项目能够顺利地进行，一种较灵活且风险更小的方法是：多次执行各个开发工作流程，从而更好地理解需求，设计出更为强壮的软件构架，逐步提高开发组织能力，最终交付一系列逐步完善的实施成果，这就是迭代生命周期模型。

迭代生命周期模型的特点：迭代或迭代循环驱动，每一次迭代或迭代循环，均要走完初始（先启）、精化、构建、产品化（移交）这四个阶段。RUP 的主要特征是采用迭代的、增量式的开发过程；采用统一建模语言（UML）描述软件开发过程；有功能强大的软件工具（如 IBM Rational Rose）支撑。

根据软件开发的实际情况，建议具有以下特征的项目，可以考虑使用迭代生命周期模型。

（1）迭代生命周期模型是以迭代为主要特征的。项目组的管理人员和核心成员，应对迭代的开发方式比较熟悉，并具有丰富的软件工程知识和实施经验。

（2）项目组的管理人员和核心成员应对软件工程的核心过程——业务建模、需求获取、分析设计、实施、测试、部署、配置与变更管理、项目管理和环境等比较熟悉。

（3）面向对象技术比较适合采用迭代方式进行，采用面向对象技术（如OOA、OOD等）的项目组，建议使用迭代生命周期模型。

（4）该模型是以软件构架为中心的开发方式，项目组的核心设计人员应具备一定程度的软件架构知识，并熟练掌握软件架构设计技能。

（5）项目组全体成员应熟悉UML，并能利用建模工具（如IBM Rational Rose等）进行分析、策划、设计、测试等。

（6）该模型是以风险管理为驱动的开发方式，项目组的管理人员应具备风险管理的知识和技能。

（7）拥有实施软件产品开发、组装的软件组织。

迭代生命周期模型要求的条件是最苛刻的，初学者不宜随便使用。

迭代生命周期模型分为以下四个阶段：

（1）初始阶段：本阶段的主要工作是确定系统的业务用例（Use Case）和定义项目的范围。为此，需要标识系统要交互的外部实体，定义高层次的交互规律，定义所有的用例并对个别重要的用例进行描述和实现。业务用例包括成功的评估、风险确认、资源需求和以阶段里程碑表示的阶段计划。

（2）精化阶段：本阶段的主要工作是分析问题域，细化产品定义，定义系统的构架并建立基线，为构建阶段的设计和实施提供一个稳定的基础。

（3）构建阶段：本阶段的主要工作是反复地开发，以完善产品，达到用户的要求，包括用例的描述、完成设计、完成实现和对软件进行测试等工作。

（4）产品化（移交）阶段：本阶段的主要工作是将产品交付给用户，包括安装、培训、交付、维护等工作。

迭代生命周期模型的9个核心内容：

（1）业务建模：了解目标组织（将要在其中部署系统的组织）的结构及机制；了解目标组织中当前存在的问题，并确定改进的可能性；确保客户、最终用户和开发人员就目标组织达成共识；导出支持目标组织所需的系统需求。通俗地讲，业务建模就是用户业务流程的重新规划与合理改进，即业务流程的优化，目的是使开发出来的系统能反映最优化的业务流程。

（2）需求获取：与客户在系统的工作内容上保持一致；使系统开发人员能够更清楚地了解系统需求；定义系统边界；为计划迭代的内容提供基础；为估算开发系

统所需成本和时间提供基础；定义系统的用户界面，重点是用户的需要和目标。

（3）分析设计：将需求转换为未来系统的设计；逐步开发强壮的系统构架；使设计适合实施环境，为提高性能而进行设计。

（4）实施：对照实施子系统的分层结构定义代码结构；以构件（源文件、二进制文件、可执行文件以及其他文件等）方式实施类和对象；对已开发的构件按单元进行测试；将各实施成员（或团队）完成的结果集成到可执行系统中。

（5）测试：核实对象之间的交互；核实软件的所有构件是否正确集成；核实所有需求是否已经正确实施；确定缺陷并确保在部署软件之前将缺陷解决。

（6）部署：将构件部署到网络的各个节点上，使最终用户可以使用该软件产品。

（7）配置与变更管理：始终保持工作产品的完整性和一致性。

（8）项目管理：为软件密集型项目的管理提供框架；为项目计划、人员配备、执行和监测提供实用准则；为风险管理提供框架。

（9）环境：为软件开发组织提供软件开发环境（流程和工具），该环境将支持开发团队。

迭代模型的优点：在开发的早期或中期，用户需求可以变化；在迭代之初，不要求有一个相近的产品原型；模型的适用范围很广，几乎适用于所有项目的开发。

迭代模型的缺点：传统的组织方法是按顺序（一次且仅一次）完成每个工作流程，即瀑布式生命周期。迭代模型采取循环工作方式，每次循环均使工作产品更靠近目标产品，这要求项目组成员具有很高的开发水平并掌握先进的开发工具。反之，存在较大的技术和技能风险。

### 1.2.5 敏捷方法

以极限编程（XP）运动先驱者出现的 Kent Beck 和 Ron Jeffries 等人，他们将 CMM/CMMI 为代表（还有 ISO9001 等）的过程管理思想，称为重载软件过程，而将他们自己提出的过程管理思想，称为轻载软件过程，即敏捷过程。敏捷过程表明了完全不同的立场，宣称好的开发过程应该可以在保证质量的前提下，做到文档适度、度量适度和管理适度，并且根据变化能迅速作出自我调整。他们认为：

- 个人和交互胜于过程和工具。
- 可用的软件胜于详尽的文档。
- 与客户协作胜于合同谈判。
- 响应变化胜于遵循计划。

敏捷开发的基本要点是采用递增式（或称之为迭代式、螺旋式等）的开发方式，概括为 12 条软件开发原则，这是敏捷方法或敏捷建模必须遵循的原则，现简述如下。

（1）将尽早地和不断地向客户提交有价值的和满意的软件，作为最优先的目标。

（2）自始至终地欢迎客户提供需求和需求变化，利用这种变化为客户产生竞争优势。

（3）经常交付（从几周到几个月）可用的软件，尽可能缩短时间间隔。

（4）在项目开发过程中，业务人员和开发人员必须每天一起工作。

（5）围绕优秀人员建立项目，给予所需的环境和支持，相信他们能完成任务。

（6）面对面的交流，是项目团队传递信息最好的方式。

（7）工作软件（软件工作产品）所处的状态，是首要的软件度量。

（8）鼓励并支持软件开发的持续性，这样可加快产品化进程，在业务领域处于领先地位。

（9）采用先进技术和优秀设计，以增强敏捷性。

（10）简单，少而精，只做必须做的，这是一门艺术。

（11）要相信：最好的架构、需求和设计，出自自己的团队。

（12）每隔一段时间，团队要反思自己的过去，调整自己今后的行为。

目前，行业常用的敏捷方法有 Scrum 方法（见图 1-6）、动态系统开发方法（DSDM）、水晶方法、功能驱动开发（FDD）、精益开发（LD）、极限编程（XP）、自适应软件开发（ASD）等。

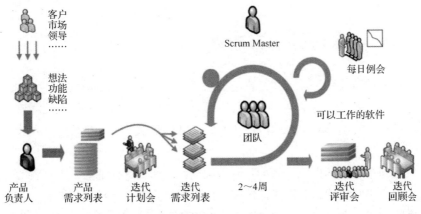

图 1-6　Scrum 方法示意图

敏捷团队要求人员自驱动、自管理，没有传统意义上的上下级关系。Scrum 方法中的 Scrum Master 角色可以理解为敏捷专家或教练，不等同于传统模型中的团队负责人角色。敏捷团队人员可以参加 Scrum Master 培训并考取相关国际认证。Scrum Master 国际认证如图 1-7 所示。

图 1-7　Scrum Master 国际认证

敏捷方法特别适合于中小型软件企业，以及大型企业的中小型软件项目。它与 CMMI（重载过程）可以平等互利、取长补短、和平共处。敏捷方法对个人的素质要求很高，CMMI 对整体的素质要求很高。它们是两种不同的管理模式，目的为了实现同一个目标。在敏捷方法推广过程中，切记不能为了敏捷而敏捷。团队要根据组织、项目、人员等特点选择最适合的软件开发模型或进行多个开发模型的结合及裁剪。

## 1.2.6　开发模型与方法的实际应用

可持续的研发优势的源泉是卓越的研发流程。以某项卓越设计、天赐良机、竞争对手的某次失误为基础的优势是不可能长久的。而卓越的研发流程则始终能够发现机遇，推出有竞争力的产品和服务，并以最快的速度把这些研发成果投入市场。

流程是指解决问题的一系列步骤。流程可以通过遵循他人做事一贯的方法来降低风险。研发流程需要不断地持续改进以保持其规范性和先进性。

摩托罗拉公司的 M-Gates 产品研发流程是基于新产品开发的门径管理系统（Stage-Gate System，SGS）。SGS 是由罗勃特.G.库珀（Robert G. Cooper）于 20 世纪 80 年代创立的一种新产品开发流程管理技术。这一技术被视为新产品开发过程中的一项基础程序和产品创新的过程管理工具。

SGS 流程将整个产品开发过程划分成一系列预设的阶段（Stage），每个阶段的入口检查点称为 Stage-Gate，顾名思义为门径管理。一个典型的 SGS 流程如图 1-8 所示，包含 5 个阶段：确定范围、项目立项、开发、测试和检验、投放市场。

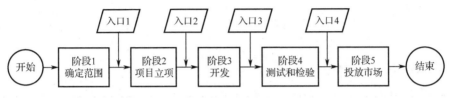

图 1-8　SGS 流程

SGS 流程的每个阶段都需要收集阶段入口检查点的信息。作为质量控制检测和决策点，阶段的入口检查点决定了整个流程能否向下一个阶段推进。阶段入口检查点通常包括：一套预定的输出或交付物；判断标准和准则；预定的结果或产出。

SGS 将研发活动纳入企业的经营活动，使管理者从较完整的角度来看待研发管理。其优点是理论简单直接，流程易懂易学易用，在实际工作中便于经验的积累，容易学习、推广和实施。

1996—1998 年，摩托罗拉公司的市场份额和盈利能力落后于竞争对手。其中，市场份额下降 9%；盈利能力下降 18%。公司分析发现，根本原因在于缺乏良好的流程，导致业绩下滑。

1998 年，摩托罗拉公司进行核心流程重新设计，将 SGS 理论和自己的实践经验相结合提出 M-Gates 产品研发流程，作为摩托罗拉公司产品研发管理的基础。M-Gates 流程的设计目标是显著改进产品的上市速度，并提高对产品成功的预测能力，提高公司效率。

M-Gates 是由 16 个摩托罗拉标准的里程碑组成的，这些里程碑加快了产品推向市场的速度，提高了业务的可预见性。这 16 个 M-Gates 代表全面的跨职能的研发生产活动，保障了业务计划的执行。

M-Gates 被设计为跨职能的、包含许多现有的路线方案的优秀元素，而且可以广泛应用于所有的职能部门。M-Gates 包含 5 个部分：业务开发、业务计划、项目定义、实施、投放市场。流程管理 M-Gates 如表 1-1 所示。

表 1-1　流程管理 M-Gates

| 市场信息分析（贯穿整个流程管理始终） | | | | |
|---|---|---|---|---|
| 业务开发 | 业务计划 | 项目定义 | 实施 | 投放市场 |
| M-Gate 15<br>想法接受 | M-Gate 12<br>业务方案接受 | M-Gate 10<br>项目开始 | M-Gate 6<br>设计完成 | M-Gate 2<br>量产 |
| M-Gate 14<br>概念接受 | | M-Gate 9<br>系统需求基线 | M-Gate 5<br>系统测试完成 | M-Gate 1<br>批准退市计划 |
| M-Gate 13<br>解决方案选择 | M-Gate 11<br>最终方案确定 | M-Gate 8<br>系统需求部署<br>M-Gate 7<br>合同基线批准 | M-Gate 4<br>实地试验完成<br>M-Gate 3<br>受控投入使用 | M-Gate 0<br>退市 |

针对不同项目的自身特点，M-Gates 可以根据项目实际情况作出精简和改进。摩托罗拉 M-Gates 实例如表 1-2 所示。

表 1-2　摩托罗拉 M-Gates 实例

| 流程 | 阶段 | 截止时间 | 输出 |
|---|---|---|---|
| M-Gate 13 | 需求收集及计划 | 2020-8-23 | 软件项目管理计划 |
| M-Gate 8 | 需求分析阶段 | 2020-9-14 | 软件需求说明书 |
| M-Gate 6 | 设计阶段 | 2020-9-21 | 详细设计 |
| | 编码及组件测试 | 2020-9-28 | 代码完成，解决单元测试中发现的问题 |
| | 集成测试 | 2020-10-18 | 执行集成测试，解决集成测试中发现的问题 |
| M-Gate 5 | 系统测试 | 2020-10-30 | 执行系统测试，解决系统测试中发现的问题 |

有了更好的产品研发流程，摩托罗拉公司大部分产品投放市场的时间就可缩短一半，可在较短的研发周期内开发出更适合市场需求的产品。例如，摩托罗拉公司在两年内把对讲机产品研发时间缩短了 46%。正是摩托罗拉公司研发流程管理的持续性、预见性、规范性、程序性及其纠错能力，使其研发处于领先地位。

### 1.2.7　工程实践：改进型项目的开发模型

本节的工程实践案例将围绕一次面向电力行业应用领域的软件开发项目展开。重点谈谈项目初期的可行性与计划研究工作，具体包括项目背景介绍、现状分析、项目目标的导出、软件来源、实施基础、实施方案和改进型项目的开发模型选择。

在项目初期,要确定该软件的开发目标和总的要求,要进行可行性分析、投资-收益分析、制订开发计划,并完成可行性分析报告、开发计划等文档。可行性分析报告是项目初期策划的结果,可以作为项目决策的依据。

### 1. 项目背景介绍

电力行业是国民经济的基础性、支柱性、战略性产业。电力系统是由发电、变电、输电、配电和用电等环节组成的电能生产与消费系统。从承担的具体职能来看,电力网络可进一步细分为输电网和配电网。《配电网建设改造行动计划(2015—2020年)》指出,配电网承担着直接向用户供电的重任,在整个电力系统中占有至关重要的地位。配电网直接面向终端用户,与广大人民群众的生产生活息息相关,是服务民生的重要公共基础设施。

配电管理系统(DMS)由配电自动化系统(DAS)、配电网监控与数据采集(Supervisory Control and Data Acquisition,SCADA)系统、配电地理信息系统(GIS)和需求侧管理(DSM)等共同构成。SCADA 在电力系统上的应用较早,是以计算机为基础的生产过程控制与调度自动化系统,可以对现场的运行设备进行监视和控制。GIS 是一种特定的空间信息系统,是在计算机硬、软件系统支持下,对整个或部分地球表层空间中的有关地理分布数据进行采集、存储、管理、运算、分析、显示和描述的技术系统。

高效的监视和控制工作离不开智能且可视化的图形窗口,各类配电网接线图正是工程调度员监控实时运行信息的图形资料。简而言之,如果把发电厂比作电力系统的心脏,输电网比作主动脉,那么配电网就是遍布全身、直接向身体各个器官供血的"毛细血管",配电网接线图就是工程人员的"眼睛"。透过这双清晰、智能的"眼睛",配电网供、断电及实时数据等信息将一目了然地呈现于工程实施人员的眼前。

基于以上背景,数据正确、布局科学且智能化的配电网接线图系统的设计和开发,可以大幅提升监控调度人员的工作效率,有效降低工程实施成本,具有非常重要的工程应用价值。配电网接线图自动生成功能的开发实践,是一项面向电力行业领域的工程实践应用项目。本书后面的章节将此项目简称为自动成图系统。

### 2. 现状分析

配电网接线图是 SCADA 系统实时监控的重要图形依据,它可视化地反映了供电情况,是供电运行、故障排除的重要依据。排布清晰、布局科学的接线图为实现智能配电网调度提供了可能性。

现有配电网接线图的工程应用流程存在可视化效果不佳、自动生成效率低和智能化水平不高等问题。整个流程如下：工程调度员选择需要实时监控的线路；系统依据电气数据和地理数据经过搜索和排布计算，生成对应线路的接线图；工程调度员依据实际地理位置对接线图的布局效果进行调整，校验线路数据的正确性。这样，一幅能基本满足监控要求的接线图就生成了。这样的"自动成图"过程大大增加了系统操作员的工作量，远远不能满足工程监控的实时性要求。

3．项目目标的导出

配电网接线图的自动成图需求，通常来自两类用户的反馈：一类是城网和农网工程现场的调度人员的实施意见，另一类是供电局用户的系统操作体验。项目问题鱼骨图如图1-9所示。目前，自动成图功能的用户问题反馈集中于接线图的排布效果、线路兼容性及实时监控的易用性三个方面。

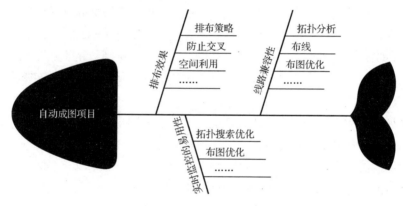

图1-9　项目问题鱼骨图

4．软件来源

企业或政府组织获取软件的途径有多种，组织可以通过信息技术服务公司、套装软件提供商、企业解决方案软件提供商、云计算和开源软件提供者获得软件，也可以通过内部系统开发资源获得（包括复用现有的软件构建）。自动成图系统作为 SCADA 系统的智能可视化开发项目，其基础数据来源于服务民生的 SCADA 系统和 GIS，具有极高的信息和网络安全级别。因此，自动成图系统只能由组织内部开发人员基于已有系统构件和现有自动成图功能进行优化以满足新的业务需求。

## 5. 实施基础

自动成图系统以 SCADA 系统和 GIS 为基础。系统架构图如图 1-10 所示，工程调度员通过某城市配电网监控平台查看某条线路的实时运行情况，该配电网接线图由该城市 Web 服务器发布。配电网接线图的地理位置和电气数据的计算，分别由 GIS 和 SCADA 系统完成。国网 GIS 服务器统一管理各个城网和农网的地理信息工作站，对发送监控请求的线路计算地理信息。SCADA 系统负责提供该线路的实时运行数据。因此，SCADA 系统是配电网接线图的实时电气数据源，GIS 是地理信息数据源。

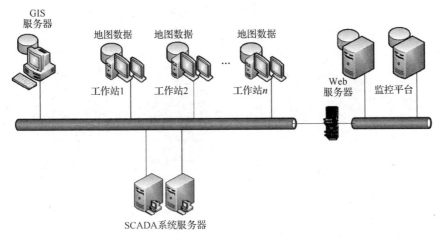

图 1-10　系统架构图

## 6. 实施方案

关联图、生态系统图、特性树和事件列表是常见的开发范围可视化表示工具。识别出受影响的业务过程可以帮助定义范围边界，可以通过用例图描述用例和角色之间的边界范围。

实时电气数据源和地理信息数据源为自动成图系统提供了数据可行性。自动成图系统对现有电力系统有较强的依赖。项目总体实施策略是保持图 1-10 所示的系统架构设计不变，重点对自动成图系统的实现流程和算法理论进行改进，以达到开发目标。具体实施上，对现状进行调研，总结原有方案的优缺点、局限性及存在的问题；召开研讨会，基于项目的实际环境和条件制定方案。实施方案导出过程图如图 1-11 所示。

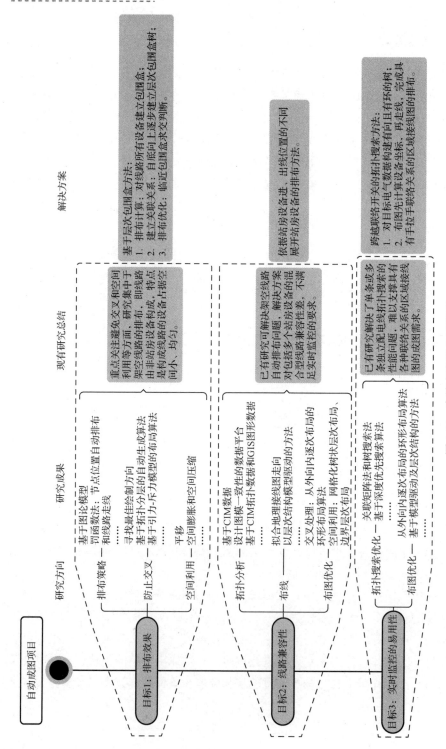

图 1-11 实施方案导出过程

### 7. 改进型项目的开发模型选择

软件项目类型是多样的，如开发任何类型产品的敏捷项目、改进型项目、替换型项目、引入软件包方案的项目、外包项目、业务过程自动化项目、业务分析项目以及嵌入式和其他实时系统等。在此，自动成图系统属于需要对现有系统改进功能以满足修订后的业务规则与业务需求的改进型项目。

软件开发模型为软件工程提供了特定的路线图，该路线图规定了所有活动的流程、动作、任务、迭代的程度、工作产品及工作的组织方式。常见的软件开发模型和方法包括本章介绍的瀑布模型、增量模型、原型模型、迭代模型及敏捷方法等。

结合项目背景、软件开发组织管理机制和市场战略目标等影响因素，为项目选择合适的软件开发模型可以保证软件开发的秩序，力求做到活动和任务都是按照过程的特定指引顺序进行的。面向应用领域的工程实践项目往往混用两种甚至多种软件开发模型，或者在项目不同阶段采用不种类型的开发模型。

自动成图系统总体来说是一种系统处理过程简单、涉及面窄的小型系统。它基于已有系统构件和现有自动成图功能，有一定的原型基础，但用户对成图效果的要求仍然是不明确的，需要系统开发人员和用户对成图效果的共同摸索。在此背景下，选择快速原型模型作为开发模型，把系统主要功能和接口通过快速开发制作出软件样品，以可视化的形式展现给用户，及时征求用户意见，从而最大限度地接近用户需求。原型展示给用户时，用户部分接受，则继续修改不接受部分，直到用户满意。系统的形成和发展是逐步完成的，是一个动态迭代和循环的过程，每次迭代都要对系统重新进行规格说明、重新设计、重新实现和重新评价，所以是应对变化最有效的方法。综上所述，自动成图系统采用演化式的快速原型模型是有益的。

自动成图系统的总体业务目标包括排布效果、多种线路类型的兼容性及实时监控的易用性三个方面。产品统一进行项目总体规划、业务需求分析、原型系统分析；三个业务目标分三个阶段分别规划、设计和开发完成，三个阶段产品逐一加入集成测试；然后对完整产品进行确认测试，最后提交产品。改进型项目的开发模型如图 1-12 所示。

生命周期中各个阶段的定义如表 1-3 所示。

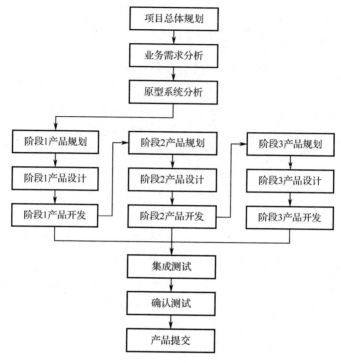

图 1-12 改进型项目的开发模型

表 1-3 生命周期中各个阶段的定义

| 包含活动 | 目标 | 输入 | 过程 | 输出 |
|---|---|---|---|---|
| 项目总体规划 | 制定项目总体规划 | 项目背景资料 | 项目背景分析,计划项目 | 项目计划 |
| 业务需求分析 | 了解自动成图项目 | 业务资料、面谈记录等 | 分析业务资料、面谈记录,构建需求分析模型 | 需求规格说明书 |
| 原型系统分析 | 了解原型系统的系统结构和设计思想 | 原型系统 | 原型系统分析、研讨 | 无(或系统设计) |
| 阶段1产品规划 | 根据需求分析(或系统设计或上一阶段的结果)确定本阶段的项目规模、时间计划和资源需求 | 需求定义文档、系统设计文档 | 项目规划,计划确认 | 项目计划 |
| 阶段1产品设计 | 设计自动成图排布功能 | 系统设计文件、数据库结构定义 | 详细设计 | 概要和详细设计文件 |
| 阶段1产品开发 | 实现自动成图排布功能 | 详细设计报告 | 编码 | 自动成图排布程序包1 |

续表

| 包含活动 | 目标 | 输入 | 过程 | 输出 |
|---|---|---|---|---|
| 阶段1产品集成测试 | 通过集成环境下的软件测试 | 程序包1 | 集成测试 | 测试报告，产品说明书 |
| 阶段2产品规划、设计、开发 | 兼容多种线路类型自动成图功能的规划、设计、开发 | 需求定义文档、系统设计文档 | 项目规划，计划确认，详细设计，编码 | 兼容多种线路类型自动成图功能的程序包2 |
| 阶段1和2产品集成测试 | 通过集成环境下的软件测试 | 程序包1和2 | 集成测试 | 测试报告，产品说明书 |
| 阶段3产品规划、设计、开发 | 实时监控功能的规划、设计、开发 | 需求定义文档、系统设计文档 | 项目规划，计划确认，详细设计，编码 | 实时监控功能的程序包3 |
| 阶段1、2、3产品集成测试 | 通过集成环境下的软件测试 | 程序包1、2、3 | 集成测试 | 测试报告，产品说明书 |
| 产品确认测试 | 通过QA环境下的确认测试 | 测试案例 | 确认测试 | 测试报告，产品说明书 |
| 产品提交 | 产品可投入使用 | 系统软件包 | 产品提交 | 产品 |

改进型项目面临一些特殊的需求问题和挑战，例如，现有系统缺少或没有可用的需求文档，熟悉当前系统的一些用户可能不喜欢新的变化，改变可能会引起性能降低，改进功能时有可能添加了看似有利于达成目标而实际并不必要的功能，等等。第2章将介绍需求开发和管理的一些实践经验。

## 1.3 软件质量的成本

软件质量是有成本的。用于度量测试的定量价值和效率的成熟方法称为质量成本方法。质量成本方法将项目和运行的成本分成与产品缺陷成本相关的四个类别：

（1）缺陷预防成本，例如培训开发人员，提高他们编写的代码的可维护性和安全性。

（2）缺陷检测成本，例如编写测试用例，配置测试环境和评审需求。

（3）内部失效成本，例如在发布之前，测试或评审期间，修复发现的缺陷。

（4）外部失效成本，例如将有缺陷的软件发布给客户导致的支持成本。

测试预算的一部分用于支付缺陷检测的成本（即便在测试人员没有找到缺陷的情况下也会花费的成本，如开发测试花费的钱），而剩余部分用于支付内部失效成本（与找到的缺陷相关的实际成本）。缺陷检测成本和内部失效成本的总和通常会比外部失效成本低很多，而这正是测试的价值所在。

假设某经理在管理一款移动端应用的测试。该应用提供在线预约运动场馆及健身教练服务，可以允许用户输入他们自己的大致位置和偏好，以找到与他们匹配的运动场馆和健身教练，规避他们不喜欢的运动场馆和健身教练。通过度量收集及分析计算得到了下面的质量成本：平均缺陷检测成本为 2500 元，平均内部失效成本为 3500 元，平均外部失效成本为 40 000 元。平均缺陷检测成本和平均内部失效成本是通过在发布之前发现的缺陷数目计算得到的。而平均外部失效成本是通过在发布之后发现的缺陷数目计算得到的。因此测试阶段发现的每个缺陷，可以为组织平均节省质量成本为 40 000-2500-3500=34 000 元。

缺陷检测成本：测试预算（TestBudget）由可复用测试资产（ReuseTestAsset）、重新确认测试费用（ConfimationAffair）及缺陷检测费用（BugTestAffair）三部分组成，如式（1-1）所示。

$$TestBudget = ReuseTestAsset + ConfimationAffair + BugTestAffair \quad (1-1)$$

每个缺陷的平均检测成本（AverageTestAffair）由缺陷检测费用（BugTestAffair）和检测发现的缺陷数量（FoundedBugNum）决定，如式（1-2）所示。

$$AverageTestAffair = BugTestAffair / FoundedBugNum \quad (1-2)$$

内部失效成本（InternalFailureCost）由修复缺陷成本（FixBugAffair）和重新确认测试费用（ConfimationAffair）组成，如式（1-3）所示。

$$InternalFailureCost = FixBugAffair + ConfimationAffair \quad (1-3)$$

每个缺陷的平均内部失效成本（AverageInternalFailureCost）由内部失效成本（InternalFailureCost）和检测发现的缺陷数量（FoundedBugNum）决定，如式（1-4）所示。

$$AverageInternalFailureCost = InternalFailureCost / FoundedBugNum \quad (1-4)$$

每个缺陷的平均外部失效成本（AverageExternalFailureCost）由外部失效成本（ExternalFailureCost）和必须修复的缺陷数量（MustFixBugNum）决定，如式（1-5）所示。

$$AverageExternalFailureCost = ExternalFailureCost / MustFixBugNum \quad (1-5)$$

其中，$MustFixBugNum \leq FoundedBugNum$。

由此可计算出测试的回报。每个缺陷的测试回报（AverageTestReturn）由每个缺陷的平均外部失效成本（AverageExternalFailureCost）、每个缺陷的平均检测成本（AverageTestAffair）、每个缺陷的平均内部失效成本（AverageInternalFailureCost）决定，如式（1-6）所示。

$$\text{AverageTestReturn} = \text{AverageExternalFailureCost} - \text{AverageTestAffair} - \text{AverageInternalFailureCost} \tag{1-6}$$

测试净回报（TestReturn）由每个缺陷的测试回报（AverageTestReturn）和检测发现的缺陷数量（FoundedBugNum）决定，如式（1-7）所示。

$$\text{TestReturn} = \text{AverageTestReturn} \times \text{FoundedBugNum} \tag{1-7}$$

测试收益率（TestROI）由测试净回报（TestReturn）和缺陷检测费用（BugTestAffair）决定，如式（1-8）所示。

$$\text{TestROI} = (\text{TestReturn}/\text{BugTestAffair}) \times 100\% \tag{1-8}$$

在一般情况下，外部失效成本通常会比缺陷检测成本和内部失效成本的总和高很多，而这就是测试的价值所在。测试一方面是成本（费用），另一方面是一种投资（提高软件产品质量的声誉和组织的商誉，带来市场和销售利益），可以减少日后开支（如由缺陷引起的维修费用、由于软件质量低下引发的软件诉讼案的费用）。

## 1.4 软件质量保证与测试

软件测试在软件生命周期中占据重要的地位，在传统的瀑布模型中，软件测试处于编码之后、运行维护阶段之前，是软件产品交付用户使用之前软件质量保证的最后手段。这是一种误导，软件生命周期每一阶段中都应包含测试，从静态测试到动态测试，要求检验每一个阶段的成果是否符合质量要求和达到定义的目标，尽可能早地发现错误并加以修正。如果不在早期阶段进行测试，错误的不断扩散、积累常常会导致最后成品测试的巨大困难、开发周期的延长、开发成本的剧增等。

对于软件来讲，不论采用什么技术和方法，软件中仍然会有错误。采用新的语言、先进的开发方式、完善的开发过程，可以减少错误的引入，但是不可能完全杜绝软件中的错误，这些引入的错误需要通过测试来发现，软件中的错误密度也需要测试来进行估计。软件测试是软件工程的重要部分，伴随着软件工程走过了半个多世纪。统计表明，在典型的软件开发项目中，软件测试工作量往往占软件开发总工作量的40%以上。而在软件开发的总成本中，用在测试上的开销要占30%~50%。

一般规范的软件测试流程包括项目计划检查、测试计划创建、测试设计、执行测试、更新测试文档，而软件质量保证（Software Quality Assurance，SQA）的活动可总结为协调度量、风险管理、文档检查、促进/协助流程改进、监察测试工作等。它们的相同点在于二者都是贯穿整个软件开发生命周期的流程。

IEEE 给出的定义，SQA 是一种有计划的、系统化的行动模式，是为项目或者产品符合已有技术需求提供充分信任所必需的，设计用来评价开发或者制造产品的过程的一组活动。ISO 9000 及国标 GBT 11457—2016 指出：质量保证是质量管理的组成部分，提供达到质量要求的可信程度。SQA 的职能是向管理层提供正确的可视化的信息，从而促进与协助流程改进。SQA 还充当测试工作的指导者和监督者，帮助软件测试建立质量标准、测试过程评审方法和测试流程，同时通过跟踪、审计和评审，及时发现软件测试过程中的问题，从而帮助改进测试或整个开发的流程等，因此有了 SQA，测试工作就可以被客观地检查与评价，同时也可以协助测试流程的改进。而测试为 SQA 提供数据和依据，帮助 SQA 更好地了解质量计划的执行情况、过程质量、产品质量和过程改进进展，从而使 SQA 更好地做好下一步工作。

人们经常使用质量保证（Quality Assurance，QA）来代指测试，虽然它们是有关联的，但是质量保证并不等于测试。可以用更大的概念把它们联系在一起，即质量管理（Quality Management，QM）。

除其他活动外，质量管理包括质量保证和质量控制（Quality Control，QC），如图 1-13 所示。质量保证的关注点在于遵循正确的过程，侧重对流程的管理与控制，是一项管理工作，侧重于流程和方法。正确的过程为达到合适的质量等级提供信心。当过程正确开展时，在这些过程中所创造的软件工作产品通常具有更高的质量，有助于缺陷的预防。另外，使用根本原因分析方法来发现缺陷并消除引起缺陷的原因，以及适当应用经验教训会议的结论来改进过程，对于有效的质量保证也很重要。质量控制涉及各种支持达到适当质量等级的活动，包括测试活动。测试活动是整个软件开发和维护过程的一部分。测试是对流程中各过程管理与控制策略的具体执行实施，其对象是软件产品（包括阶段性的产品），即测试是对软件产品的检验，是一项技术性的工作。因为质量保证涉及整个过程的正确执行，所以质量保证会支持正确的测试活动。

SQA 是建立一套有计划、有系统的方法，使向管理层拟定的标准、步骤、实践和方法能够正确地被所有项目所采用，目的是使软件过程对于管理人员来说是可见的。通过对软件产品和活动进行评审和审计来验证软件是合乎标准的。软件质量保证组在项目开始时就一起参与创建计划、标准和过程。这些将使软件项目满足机构方针的要求。

软件测试是利用测试工具按照测试方案和流程对产品进行功能和性能测试，

甚至根据需要编写不同的测试工具，设计和维护测试系统，对测试方案可能出现的问题进行分析和评估。执行测试用例后，需要跟踪故障，以确保开发的产品适合需求。

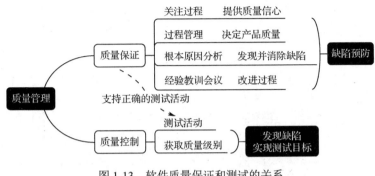

图 1-13 软件质量保证和测试的关系

## 1.5 测试模型

软件测试和软件开发一样，都遵循软件工程原理，遵循管理学原理。测试专家通过实践总结出了很多很好的测试模型。这些模型将测试活动进行了抽象，明确了测试与开发之间的关系，可以更好地指导软件测试的全部过程、活动和任务，是测试管理的重要参考依据。

软件测试生命周期是指软件从进入测试到退出测试的过程中，所要经历的引入程序错误、通过测试发现错误和清除程序错误的几个阶段。

当前最常见的软件测试模型有 V 模型、W 模型、H 模型、X 模型和前置测试模型。

### 1.5.1 V 模型

V 模型最早是由 Paul Rook 在 20 世纪 80 年代后期提出的。V 模型是基于瀑布模型的，V 模型描述了基本的开发过程和测试行为。软件测试的 V 模型以编码为黄金分割线，将整个过程分为开发和测试，并且开发和测试之间是串行的关系。

V 模型的价值在于它非常明确地标明了测试过程中存在的不同级别，并且清楚地描述了这些测试阶段和开发过程的对应关系。如图 1-14 所示，组件测试阶段依据组件测试计划执行测试用例，检测程序内部结构是否正确；集成测试阶段依据集成测试计划检测程序是否满足概要设计的要求,重点测试不同模块的接口;系统测试检测系统的功能、性能及软件运行的软硬件环境是否达到系统设计要求;验收测试确认软件的实现是否满足用户需求。总体来说,V模型实现了开发过程与测试阶段的集成,符合测试尽早介入的原则;每个开发过程,有对应的测试级别以支持测试的尽早介入;每个测试级别的测试执行是顺序进行的,有时候也会出现重叠。

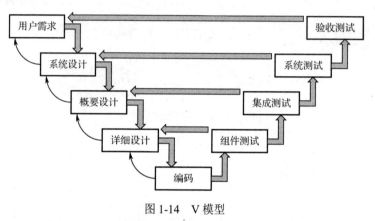

图 1-14 V 模型

V 模型清楚地标识了开发和测试的各个阶段,每个阶段分工明确,便于整体项目的把控。V 模型有一个缺点,就是将测试放在整个开发的最后阶段,没有让测试尽早介入开发,没有在需求分析阶段就引入测试,忽视了测试活动对需求分析、系统设计等开发活动的验证和确认功能。

## 1.5.2　W 模型

软件测试的 W 模型由 Evolutif 公司提出,W 模型是 V 模型的发展。W 模型是由两个 V 模型组成的,一个是开发阶段,一个是测试阶段。在 W 模型中,开发和测试是并行的关系,如图 1-15 所示,图中的"V & V"代表验证(Verification)和确认(Validation)。

W 模型强调测试伴随整个软件开发周期,测试的对象不仅仅是程序,需求、功能和设计同样要测试。例如,需求分析完成后,测试人员参与需求的验证和确认活动,并进行系统测试的设计,开发组输出软件需求规格说明书,测试组输出的系统测试计划书成为系统测试阶段的依据文档。又如,详细设计阶段结束后,测试人员参与详细设计的验证和确认活动,进行组件测试设计,在开发完成编码后,依据组件测试计划和测试用例执行组件测试。

第1章 软件生命周期与软件质量保证

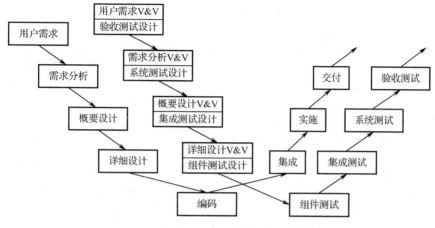

图 1-15　W 测试模型

测试与开发并行，让测试尽早介入开发环节，使测试尽早发现问题、尽早解决问题。同时，开发阶段的测试有利于及时了解项目的难度、设计结构和代码结构，及早识别测试风险，及早制定应对措施。

虽然开发与测试是并行的，但是在整个研发阶段仍然是串行的，上一阶段未完成无法进入下一阶段，不支持敏捷模式的开发。开发和测试的线性关系导致需求变更的不便。如果没有文档，就无法执行 W 模型。W 模型对整个项目组成员的技术要求更高。

W 模型和 V 模型都把软件开发视为需求、设计、编码等一系列串行的活动，无法支持迭代、自发性以及变更调整。为了解决以上问题，专家提出了更多改进模型。

## 1.5.3　H 模型

H 模型中，软件测试过程活动完全独立，贯穿于整个产品的周期，与其他流程并发地进行，某个测试点准备就绪时，就可以从测试准备阶段进行到测试执行阶段。软件测试可以尽早地进行，并且可以根据被测对象的不同而分层次进行。

图 1-16 演示了在整个生产周期中某个层次上的一次测试"微循环"。图中标注的"其他流程"可以是任意的开发流程（如设计流程或编码流程）。也就是说，只要测试条件成熟了，测试准备活动完成了，测试执行活动就可以进行了。例如，整个项目进行到编码阶段时，测试人员准备好了组件测试计划和测试用例，开发人员完成了一个模块的编码（即测试就绪点具备），此时，就可以启动测试流程对此模块执行测试。

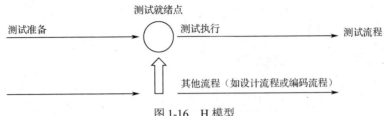

图 1-16　H 模型

H 模型揭示了软件测试除测试执行外，还有很多工作。测试完全独立，贯穿整个生命周期，且与其他流程并发进行；软件测试活动可以尽早准备、尽早执行，具有很强的灵活性；测试可以根据被测试对象的不同而分层次、分阶段、分次序地执行，同时也是可以被迭代的。

H 模型对管理、技能及整个项目组的人员要求都很高。管理方面，由于模型很灵活，必须要定义清晰的规则和管理制度，否则测试过程将非常难以管理和控制。技能上，H 模型要求能够很好地定义每个迭代的规模，不能太大也不能太小。测试就绪点分析是困难的，因为很多时候并不知道测试准备到什么程度是合适的，就绪点在哪里，就绪点的标准是什么，这就给后续测试执行的启动带来很大困难。对于整个项目组的人员要求非常高，在很好的规范制度下，大家都能高效地工作，否则容易造成混乱。

## 1.5.4　X 模型

X 模型的基本思想是由 Marick 提出的，Robin F Goldsmith 引用了 Marick 的一些想法并经过重新组织形成了 X 模型。如图 1-17 所示，X 模型的左边描述的是针对单独程序片段所进行的相互分离的编码和测试，此后将进行频繁的交接，通过集成，最终成为可执行的程序，之后对这些可执行程序进行测试。X 模型左边是组件测试和单元模型之间的集成测试，右边是功能的集成测试，通过不断的集成最后成为一个系统，如果整个系统测试没有问题，就可以封版发布。已通过集成测试的成品可以进行封装并提交给用户，也可以作为更大规模和范围内集成的一部分。多条并行的曲线表示变更可以在各个部分发生。

由图可见，X 模型还引入了探索性测试，即不进行事先计划的特殊类型的测试，这样可以帮助有经验的测试工程师发现测试计划之外更多的软件错误，避免把大量时间花费在编写测试文档上，导致真正用于测试的时间减少。

X 模型有一个很大的优点，那就是它呈现了一种动态测试的过程，测试处于一个不断迭代的过程中，这更符合企业实际情况，而其他模型更像一个静态的测试过程。

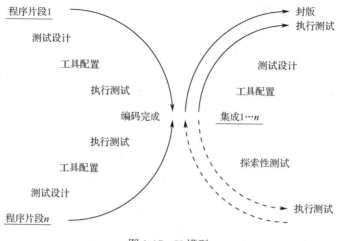

图 1-17  X 模型

## 1.5.5 前置测试模型

前置测试模型是由 Robin F Goldsmith 等人提出的,是一个将测试和开发紧密结合的模型。该模型提供了轻松的方式,可以使项目加快速度。接下来,结合图 1-18 来详细分析模型的特点。

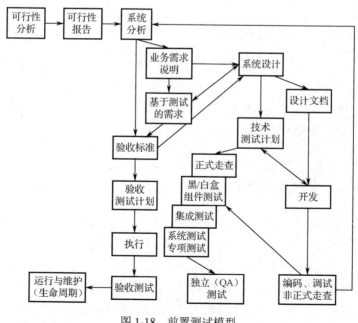

图 1-18  前置测试模型

### 1. 开发和测试相结合

前置测试模型将开发和测试的生命周期整合在一起，标识了项目生命周期从开始到结束之间的关键行为。例如，图中在开发生命周期的验收测试阶段，依据系统分析结果和基本测试的需求来制定验收标准，制订验收测试计划，而后执行验收，进行验收测试，之后进入开发生命周期的运行与维护阶段。

### 2. 对每一个交付内容进行测试

每一个交付的开发结果都必须通过一定的方式进行测试。源程序代码并不是唯一需要测试的内容。其他一些要测试的对象包括可行性报告、业务需求说明以及系统设计文档等。这与 V 模型中开发和测试的对应关系是一致的，并且在其基础上有所扩展，变得更为明确。

### 3. 在设计阶段进行测试计划和设计

设计阶段是做测试计划和设计的最好时机。图中，在系统设计阶段输出设计文档，依据系统设计结果和设计文档制订技术测试计划。如果仅仅在即将开始执行测试之前才完成测试计划和设计，那么测试只是验证了程序的正确性，而不是验证整个系统应该实现的内容。

### 4. 测试和开发结合在一起

前置测试模型将测试执行和开发结合在一起，并在开发阶段以编码—测试—编码—测试的方式体现。也就是说，程序片段一旦编写完成，就会立即进行测试。图中，开发编码某功能、调试并进行非正式走查后，依据测试计划执行正式走查、组件测试、集成测试及系统测试等一系列测试活动。依次开发、测试完成其他程序片段。

### 5. 让验收测试和技术测试保持相互独立

验收测试应该独立于技术测试，这样可以提供双重保险，以保证设计及程序编码能够符合最终用户的需求。验收测试既可以在实施阶段的第一步执行，也可以在开发阶段的最后一步执行。

软件测试模型对指导测试工作的进行具有重要的意义，但任何模型都不是完美的，实际工作中应灵活地运用各种模型的优点。比如，可以在 W 模型的框架下，运用 H 模型的思想进行独立的测试，同时将测试与开发紧密结合，寻找恰当的就绪点开始测试并反复迭代测试，最终保证按期完成预定目标。

## 1.6 本章小结

软件质量保证是建立一套有计划、有系统的方法，使向管理层拟定的标准、步骤、实践和方法能够正确地被所有项目所采用，目的是使软件过程对于管理人员来说是可见的。通过对软件产品和活动进行评审和审计来验证软件是合乎标准的。软件质量保证组在项目开始时就一起参与创建计划、标准和过程。这些将使软件项目满足该软件组织的总体方针。

软件测试模型对指导测试工作的进行具有重要的意义，但任何模型都不是完美的，实际工作中应灵活地运用各种模型的优点。当前，最常见的软件测试模型有 V 模型、W 模型、H 模型、X 模型和前置测试模型。

V 模型非常明确地标明了测试过程中存在的不同级别，并且清楚地描述了测试阶段和开发过程各阶段的对应关系。W 模型是 V 模型的发展，W 模型强调测试伴随整个软件开发周期，测试的对象不仅仅是程序，需求、功能和设计同样要测试。W 模型和 V 模型都把软件的开发视为需求、设计、编码等一系列串行的活动，无法支持迭代、自发性以及变更调整。

H 模型中，软件测试过程完全独立，贯穿于整个产品的周期，与其他流程并发地进行，某个测试点准备就绪时，就可以从测试准备阶段进行到测试执行阶段。X 模型呈现了一种动态测试的过程，测试处于一个不断迭代的过程中，这更符合企业实际情况。前置测试模型是一个将测试和开发紧密结合的模型。

软件质量是产品和企业的生命线。软件质量管理是一个系统工程，是一个长期进化的过程，短时间很难看到成效，没有止境，唯有更好，因此需要持续优化、持续改进。质量不是某个人的事，而是一种习惯的养成。软件研发团队的每个成员都需要时刻关注质量，要将持续改进的理念深深地烙在每个人的心中。

质量免费，第一次就做对成本最低。这个思想来自质量大师克劳士比《质量免费》——零缺陷质量管理思想，其主旨是第一次就把工作做对，即集中注意力来防止缺陷的发生，这样质量管理的代价最低，而不是在缺陷发生后才去寻找这些缺陷并加以解决，这样的质量管理代价昂贵，靠管、靠测试、靠层层加码，质量代价可能更高。

# 第 2 章
# 软件需求

　　构建一个软件系统最困难的部分就是精确地决定要构建什么。其他任何概念性的工作都不如确定详细的技术需求困难，需求包括与人、机器和其他软件系统的所有接口。如果做错了，没有任何其他工作的失误会这么削弱最终的系统，这么难纠正。

—— Frederick Brooks

　　IEEE 1990 对需求的定义：
　　（1）用户为了解决问题或达到某些目标所需要的条件或能力。
　　（2）系统或系统部件为了满足合同、标准、规范或其他正式文档所规定的要求而需要具备的条件或能力。
　　（3）对上述两种情况中的一个条件或一种能力的一种文档化表述。
　　需求分为功能需求和非功能需求两大类。功能需求包括业务需求、用户需求和系统需求三个层次。非功能需求包括性能需求、质量属性、对外接口和约束等。IEEE 1990 对性能需求的定义：一个系统或者其组成部分在限定的约束下完成其指定功能的程度。系统完成工作的质量，即系统需要在一个"好的程度"上实现功能需求，如软件的灵活性、高效性、可靠性、可维护性、健壮性、可用性等。系统和环境中其他系统之间需要建立的接口，包括硬件接口、软件接口和数据库接口等。构建系统时需要遵循的约束，如硬件设施、行业规范和编程语言等，约束不受系统功能需求影响，却会给系统开发带来很多限制，会在总体程度上限制开发人员设计、开发、测试时的选择范围。
　　软件需求工程是一门分析并记录软件需求的学科，它把系统需求分解成一些主要的子系统和任务，把这些子系统或任务分配给软件，并通过一系列重复的分析、设计、比较研究、原型开发过程把这些系统需求转换为软件的需求描述和一些性能参数。

软件需求工程包括软件需求分析阶段以及在此之前做的有关系统的所有需求的工作。需求工程分为需求开发和需求管理两部分。需求开发细分为获取、分析、定义和验证；需求管理包括确定需求基线、需求跟踪和需求变更控制。需求开发确定需求项并分析各个需求项之间存在的关系，需求管理是对确定需求基线之后的需求项的管理。需求管理对需求开发结果进行管理，跟踪纳入需求基线的需求项的进展情况，预测和协调不可避免且实际存在的变更，组织需求变更和项目变更过程，确保项目需求的最终完成。

需求开发与需求管理是相辅相成的两类活动，它们共同构成完整的需求工程。图2-1为需求开发和需求管理流程图。

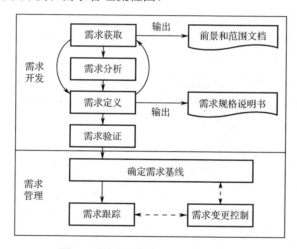

图2-1 需求开发与需求管理流程图

不管项目遵循什么软件生命周期，都需要完成这些需求活动。根据项目所选择的软件生命周期特点，在项目的不同阶段实施需求活动，只不过需求活动执行的深度或广度有所差异。

下面首先讨论软件需求工程的获取和分析阶段，这两个阶段位于软件需求工程的初始阶段，是关键且最需要沟通的环节。

## 2.1 软件需求获取和分析

需求获取是指需求分析人员通过选择恰当的需求获取方法和技术，对相关的需求来源执行需求获取行为，获取需求内容的过程。在需求获取过程中将产生各种形式的原始资料，原始资料经整理形成项目的原始需求文档。需求获取成果最终以前景和范围文档、用例说明文档的形式呈现。

### 2.1.1 需求获取活动

需求获取的来源非常广泛，包括涉众、硬数据、相关产品、重要文档、相关技术标准和法规等。需求获取的信息内容包括需求、业务描述、环境和约束。通过面谈、用户调查、研讨会、文档分析、原型分析等需求获取方式发现需求的所有活动称为需求获取活动。需求获取活动包括：识别软件产品的预期客户和其他干系人；通过面谈、问卷调查和现场调研等形式理解产品干系人的工作任务、目标及业务目标，理解他们对产品功能和性能的预期；演示产品原型、分析现有产品问题清单，试图了解软件产品的应用环境、现存问题等；召开研讨会探讨并挖掘产品用途、产品特性和特征；等等。

需求获取活动的典型流程图如图 2-2 所示。需求分析员从项目问题入手，收集应用背景资料，初步确定需求获取的内容；围绕需求获取的内容，尽可能多地挖掘需求获取的来源，重点进行涉众分析；针对需求来源和核心涉众，执行多种形式的需求获取方法，确保准确、全面和高效地获取需求；需求获取的过程是复杂的，有效的需求组织过程是需求获取行为顺利进行的保障；在上述需求获取过程中将收集到大量的原始资料，需求分析小组对获取的原始资料进行整理，形成原始需求文档，并纳入开发库进行配置管理，最后分析原始需求文档，将需求获取结果文档化。

接下来，详细讨论需求获取活动的五个关键环节。

**1. 需求获取的内容**

需求获取的内容主要包括需求本身、业务描述、环境和约束三大类。

需求本身是获取的主要对象，来源于涉众的期望，是系统期望达到的目标。

业务描述体现系统业务运行状况，涉众通常会描述为问题解决之前的问题特性及问题解决之后的问题特性；也可以从业务运行过程中数据的流动路径获得，包括数据的采集和传递过程，数据的分析、加工和生产过程等。

环境和约束限定了系统部署的环境和条件。它不会影响系统功能，却会给系统开发带来很多限制。此类需求获取内容主要来源于涉众描述系统运行的软硬件环境及限制条件，需求分析人员对应用环境的观察和体验等。

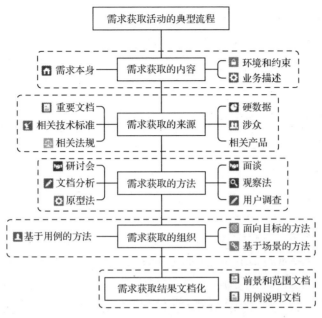

图 2-2　需求获取活动的典型流程图

**2．需求获取的来源**

需求获取的来源包括涉众、硬数据、相关产品、重要文档、相关技术标准和法规等，重点进行涉众的识别和分析。

涉众是与系统目标相关的人和物。涉众包括投资项目或购买产品的客户，直接或间接使用产品的用户，制订项目计划并带领开发团队完成产品的项目经理，负责编写需求的需求分析员，设计、实现和维护产品的开发人员，测试人员，文档编制人员，市场、技术支持及其他与产品和客户打交道的人员等。

涉众的识别和分析过程包括涉众识别、涉众描述、涉众评估和涉众确定等环节。

（1）涉众识别。需求分析小组尽可能集中所有初始涉众，对初始涉众进行归类。形成初始涉众类别列表并细化涉众；分析涉众类别列表，分析涉众关系，建立涉众网络图，依据涉众与系统的相关性，进一步识别系统的关键涉众；需求分析小组对涉众列表进行确认，结束涉众识别过程。

在自动成图系统案例中，系统客户为各地市供电局，供电局操作员和工程调度员使用自动成图系统监控 SCADA 系统运行状况；与系统开发相关的人员有项目经理、需求分析员、开发人员、测试人员、文档编制人员，其他与市场、产品和客户相关的人员等。供电局操作员和工程调度员是关键涉众。

自动成图系统案例的涉众列表如表 2-1 所示。

表 2-1 自动成图系统涉众列表

| 涉众 | 工程调度员 | 供电局操作员 |
| --- | --- | --- |
| 基本特征和主要目标 | 使用系统完成日常操作；监控系统实时运行情况 | 使用系统完成接线图成图操作；完成日常调度工作 |
| 关注点 | 操作简单；保证日常工作；新系统成图效果良好，可视化效果良好 | 成图流程简单；新系统成图效果良好，可视化效果良好；使用新系统后调图工作量减少 |
| 约束条件 | 系统操作培训 | 系统操作培训；人员不足 |
| 态度 | 担心成图效果不佳 | 支持新系统，担心成图效果不佳，调图工作量的减少没有达到预期值 |

（2）涉众描述。在此环节，深度挖掘涉众的基本特征和扩展特征，并整理为涉众列表。基本特征包括个人特征和工作特征；扩展特征包括对项目的期望、关注点、兴趣、对项目的态度等。

（3）涉众评估。涉众描述得到大量的涉众信息，对这些信息进行分析，综合评估涉众优先级、风险和共赢等深层次信息。

自动成图系统案例的关键涉众较少，关系简单。从优先级来看，自动成图系统首先由供电局系统操作员完成相关线路的自动成图操作、调图和确认工作，使用优先级最高，但系统多数时间由工程调度员使用。两类关键涉众的共同风险是对系统成图效果的担忧，但总体上对系统为支持态度。两类涉众的期望和系统业务需求一致，为共赢关系。

（4）涉众确定。经过以上涉众识别、描述和评估过程，关键涉众及其职责的定义已基本完成，选择涉众代表参与软件的开发过程，是项目成功的关键。

### 3．需求获取的方法

需求获取的方法有多种，掌握各种方法的优缺点及适用范围，结合项目特性和涉众特征，才能恰当运用需求获取的方法，有效获取需求。

常见的需求获取方法包括面谈、观察法、用户调查、研讨会、文档分析法、原型法等。本节将以面谈和原型法为例详细介绍需求获取方法的运用。

### 4．需求获取的组织

运用需求获取方法执行需求获取行为的过程往往是复杂的，有可能会出现过程的反复或迭代，甚至出现行为过程的交叉，导致需求获取过程耗时耗力，最终造成执行效果不佳及需求遗漏等不良后果。为了使获取行为能有效配合，需求获取的有效组织是必要的。常用的需求获取组织方法有面向目标的方法、基于场景的方法和基于用例的方法。

面向目标的需求获取的组织方式，以追求目标作为指导需求获取的驱动，目标把需求和组织业务环境联系起来，驱动后续需求获取过程。面向目标的方法直观，使围绕目标所采集到的需求更为精确。

基于场景的需求获取的组织方式，通过模拟和展示系统的使用过程和情况，表达系统行为过程和结果，帮助用户理解系统。这种方式可以很好地组织需求获取得到的信息，组织为"模拟情景剧"或"展示剧"的场景化的形式供用户确认，便于纠正错误需求，补充遗漏需求。基于场景的方法还可以结合面向目标的方法，指导需求获取活动的开展。

基于用例的需求获取的组织方式，是一种通过建立用例模型完成需求获取的组织方式。用例模型展示了外部用户能够观察到的系统功能模型。这种方式从用户的角度讨论系统能够干什么，是一种用户参与度极高的需求获取组织方式。

#### 5. 需求获取结果文档化

以上需求获取过程收集到大量的以文字、图片、录音、视频等多种形式呈现的原始资料。原始需求文档包括访谈纪要、面谈报告、调查问卷、会议纪要、用例列表文档、相关的政策法规文件、业务规则文件以及行业标准文件等。需求分析小组对获取的原始资料进行整理，形成原始需求文档，并纳入开发库进行配置管理。最终通过定义项目前景和范围文档、用例说明文档完成需求获取成果文档化的工作。

### 2.1.2 需求获取方法之面谈

面谈是需求分析员选择相关涉众，进行个人面谈或集体面谈以获取信息、补充信息和确认信息的方法。面谈是获取信息最直接的方式，对需求分析员的人际沟通能力要求较高，获取信息的质量受面谈对象表达能力、知识结构及态度的影响。当项目涉众类型较多、涉众间有业务流程交叉时，往往从各类涉众中选择代表进行集体面谈，全面听取各方用户意见，重点解决冲突，综合权衡利弊，最终确定需求。

面谈法通常和观察法、文档分析法、问卷调查法及原型法等需求获取方法配合使用。对于群体数多、人员不确定的涉众类型，并不适合使用面谈法。在面谈前向相关涉众发放调查问卷，可以了解面谈对象的基本情况，收集相关背景资料。

面谈前分析相关文档资料,是面谈准备工作的一部分;在面谈过程中广泛收集单据、报表、政策法规和规章制度等文档,也是形成面谈报告的基础资料。面谈以受访对象回答问题、主动表述的形式为主,可有效补充观察法和文档分析法所无法获取的信息。面谈过程中,可以通过业务流程"故事原型"模拟和"界面原型"展示等可视化的方式,供用户确认业务需求。

面谈流程包括面谈前准备、面谈中的控制和记录及面谈后的需求整理。面谈前,通常需要阅读背景资料,确定面谈主题和目标,选择被会见者,安排会见时间、地点,预约被会见者,设计调查问卷,准备面谈工具及人员安排等。面谈中,依据面谈问题大纲有效提问并记录,注意控制面谈主题。面谈后,复查整理文字、视频音频资料、调查问卷等面谈记录,记录员依据面谈主题整理讨论内容,总结面谈信息,形成面谈报告。必要时召开需求研讨会,讨论下一步努力的方向。

面谈报告包括面谈 ID、会见者、被会见者、面谈日期、面谈主题、面谈目标、谈话要点、被会见者观点及下次面谈目标等。面谈过程中,记录员记录面谈的实质内容、会见者对被会见者的观察、面谈中发现的观点和要点、会见者对面谈的基本评价等。面谈结束,需求分析小组分析提炼面谈未解决的问题及下次面谈目标。

在此,自动成图项目的需求分析小组选择系统核心功能的主要使用者——供电局操作员作为面谈对象。第一次面谈以系统目标和前景范围确认为主题。自动成图系统第一次面谈报告如表 2-2 所示。

表 2-2　自动成图系统第一次面谈报告

| | |
|---|---|
| 面谈 ID | M1 |
| 会见者 | 需求分析员、记录员 |
| 被会见者 | 某供电局操作员 |
| 面谈日期 | 2021-3-15 |
| 面谈主题 | 系统目标和前景范围确认 |
| 面谈目标 | 对目标分析产生的业务目标进行确认,对项目前景和范围进行确认,面谈中对分析过程中积累的问题提问 |
| 谈话要点 | 1. 需求小组分析的项目业务目标是否存在问题?哪里存在问题?<br>2. 需求小组定义的优先级是否合理?<br>3. 成图效果的总体要求是什么?<br>4. 系统是否同时面向现场工程调度员和供电局操作员?<br>5. 系统对数据备份和恢复有什么要求?后续版本有什么变化? |

续表

| | |
|---|---|
| 被会见者观点 | 1. 原则上希望系统操作尽可能简单，设置不要过于复杂，操作流程简单化、自动化。<br>2. 定义的优先级基本是合理的。<br>3. 总体排布走向与地理走向一致，布局科学、美观，避免交叉、重叠。<br>4. 系统面向现场工程调度员和供电局操作员，但是开放权限不同，后台数据对操作员不可见。<br>5. 保障数据安全性。 |
| 下次面谈目标 | 细化目标模型子任务，得到用户操作流程、描述执行流程，面谈中对不明确之处提问 |

由第一次面谈报告可以看出，用户对系统业务需求的表述是抽象的、不明确的，往往要经过多次面谈才能获得较为可靠的需求。需求分析员在第一次面谈的基础上安排了第二次面谈，第二次面谈的主题是场景建立和用例细化，希望得到用户操作流程和执行流程描述。自动成图系统第二次面谈报告如表 2-3 所示。

表 2-3　自动成图系统第二次面谈报告

| 面谈 ID | M2 |
|---|---|
| 会见者 | 需求分析员、记录员 |
| 被会见者 | 某供电局操作员 |
| 面谈日期 | 2021-3-22 |
| 面谈主题 | 场景建立和用例细化 |
| 面谈目标 | 细化目标模型子任务，得到用户操作流程、执行流程描述，面谈中对不明确之处提问 |
| 谈话要点 | 1. 成图初始设置。<br>2. 自动成图生成的流程。<br>3. 调图的流程。<br>4. 联络线路切换的流程。<br>5. 站房设备的展开设置的流程。 |
| 被会见者观点 | 1. 操作员依据操作规范设置线路图符的大小、颜色、像素等信息。<br>2. 操作员选择线路名称，选择成图方式，系统自动生成接线图并在屏幕上显示成图效果，操作员确认接线图，保存，成图成功。<br>3. 操作员依据操作规范，对初始成图接线图的图符位置、线路走向等进行调整，保存，调图完毕。<br>4. 操作员选择变动接线图的线路名，通过改切操作重新生成线路接线图。<br>5. 操作员选择接线图上展开的站房设备，重新生成接线图，展开的站房设备将重新生成。 |
| 下次面谈目标 | 场景确认，持续的用例发现和细节补充 |

分析第二次面谈报告发现，用户业务流程的描述还需要进一步细化。例如，自动成图生成失败，操作员该如何应对？是否有失败原因提示？是否有操作帮

助？用户在面谈中只谈到了正常业务操作流程，而异常流程的处理过程并未讨论，所以需要进一步获取需求。

通过上述两次面谈实践可以看出，面谈这种需求获取方法实施简单，经济成本低，能够获得丰富的内容信息（包括事实、问题、被会见者观点、态度等）。通过面谈，需求分析员可以和涉众建立友好关系，为后期工作开展打下良好的基础。

面谈也有很多局限性，如比较耗时、对需求分析员的人际交往能力要求高；被会见者在地理分散、不确定的情况下难以实现面谈；面谈对象的态度、偏见、潜在知识、默认知识、表述等都会影响面谈结果。

有效控制面谈过程、保持面谈主题及总结面谈要点等方式是良好的实践建议。面谈前准备问题大纲或议程单是必要的。在面谈过程中，针对每项面谈主题，可告知面谈对象需求分析小组期望得到何种类型的细节信息，必要时可以指定答复时间；在面谈的过程中安排程序性提示，逐一引导面谈对象陈述主题，避免跑题。面谈结束前，主持者可简要总结本次面谈要点。

需求分析小组对前两次的面谈结果召开了研讨会，对成果及问题进行了总结。前两次获取的信息量有限，针对自动成图这类有一定专业性和操作流程性强的业务，仅仅通过用户口述业务流程，很容易造成流程的遗漏；同时，用户对自动成图效果的期望是抽象的，很难有一个统一的成图效果标准。基于以上结论，项目组决定综合运用场景文本描述和界面原型法，继续深入开展下一轮面谈。

面谈法常常与问卷调查法、原型法和研讨会等方式配合运用。下面继续讨论自动成图案例的需求获取实践，重点围绕原型法的执行、原型法和面谈的结合实践展开。

### 2.1.3　需求获取方法之原型法

原型即样品、模型，原型可以是一个演示系统，也可以是系统原型界面。把系统主要功能和操作流程快速开发制作为软件原型，以可视化、流程化的形式直观展示给用户，征求用户意见，以最大限度模拟出用户的真实需求。原型也是一种工具，作为分析和设计系统的接口之一，它可以加快开发速度，应对需求变化，是系统开发团队与用户、开发团队内部沟通的媒介。

原型法广泛应用于需求获取。通常来说，如果用户需求出现了模糊、不清晰、不完整等特征时，可以考虑使用原型法。它既可以帮助用户更好地理解和阐明他们自己的信息需求，也可以帮助需求分析员更好地获取和定义需求。

原型法分为抛弃式和演化式两大类。原型展示给用户，用户不接受，强烈反对，则抛弃原型。抛弃式原型不作为最终产品，需求获取目的达到即被抛弃。抛弃式原型建立在理解的、获取的需求信息非常少的基础之上，主要应用于软件生命周期的需求获取初期。原型展示给用户，用户部分接受，继续修改不接受部分，直到用户满意，此时原型为演化式原型。这种情况下，项目的生命周期模型往往为迭代和增量开发模型，系统的形成和发展是逐步完成的，每次迭代都要对原型系统重新进行规格说明、设计、实现和评价。演化式原型的应用是一种高度动态迭代和循环的过程，所以也是应对需求变化最为有效的方法。

进一步，抛弃式原型和演化式原型又可以细分为水平抛弃式和垂直抛弃式、水平演化式和垂直演化式。水平抛弃式原型主要用于识别遗漏功能，研究用户界面方法，阐明并细化用例和功能性需求；垂直抛弃式原型往往演示系统可行性。水平演化式原型用于实现核心用例，并根据优先级实现其他用例，使得系统适应快速变化的需要；垂直演化式原型与水平式配合，实现并扩充核心功能，实现并扩充核心算法。

在原型法的具体实施上，首先，由用户提出对新系统的基本要求，如功能、界面的基本形式、所需要的数据、应用范围和运行环境等，根据这些信息需求，分析员定义项目的前景和范围。其次，系统开发人员在明确了系统基本要求和功能的基础上，运用工具、依据计算机模型以尽可能快的速度和尽量低的成本构建快速原型模型。最后，快速原型模型构建完成，展示给用户，此时，需求分析员和用户需要进行充分沟通，对用户不满意的地方进行修改和完善，直到用户基本满意为止。

自动成图系统案例第三次面谈结合业务流程原型进行，主题是场景确认，持续的用例发现和细节补充。面谈内容涉及业务过程的各个细节。为了确保业务流程清晰、无遗漏，本次面谈需求分析小组准备了业务场景原型，期望通过原型演示听取用户意见，明确前期积累的问题。

需求分析小组针对系统操作员主要工作流程，如自动成图、站房设备的展开设置、联络线路设置等几个主要业务场景构建原型。其中，自动成图系统主界面如图2-3所示，界面布局从上至下包括菜单栏、图形显示区和状态栏。主界面对菜单核心功能按钮、右键菜单功能按钮，以及图形显示相关的坐标、作图比例等布局和基础操作进行了说明。通过界面原型的设计，系统操作员了解了新系统的功能菜单布局和基本操作流程。

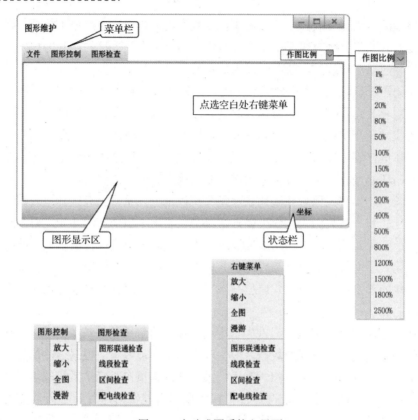

图 2-3 自动成图系统主界面

通常,在为用户展示界面原型时,同时结合场景文本描述(见表 2-4),可以方便用户更好地理解业务流程。最终,形成第三次面谈报告(见表 2-5)。

表 2-4 自动成图场景文本描述

| |
| --- |
| 1. 系统生成接线图列表,按变电站名称排序 |
| 2. 用户依据操作规范进行成图设置 |
| 2.1 设置图符大小、颜色 |
| 2.2 设置站房设备的展开情况 |
| 2.3 设置接线图排布方向 |
| 3. 用户选择成图接线图名称,右键单击"自动成图" |
| 4. 系统生成并在屏幕上显示接线图 |
| 5. 用户核对接线图设备,调整接线图走线和布局 |
| 6. 保存接线图成图效果 |

表2-5 自动成图系统第三次面谈报告

| 面谈ID | M3 |
|---|---|
| 会见者 | 需求分析师、记录员 |
| 被会见者 | 某供电局操作员 |
| 面谈日期 | 2021-3-31 |
| 面谈主题 | 场景确认，持续的用例发现和细节补充 |
| 面谈目标 | 展示场景界面原型，听取用户意见，明确积累的问题 |
| 谈话要点 | 1. 图符的设置会经常变化吗？有没有标准作图规范？<br>2. 成图失败后，操作员操作规范是怎样的？<br>3. 对于已经生成接线图的线路，如果线路发生变化，比如线路上新增或减少了设备，操作员希望系统如何处理？<br>4. 线路改切操作中，由于只有配电线发生变化，能否与重新生成处理方式一致？<br>5. 对于站房设备，是否需要查看站房设备内部接线情况？<br>6. 在排布效果上，有哪些调图规范？展开的站房设备的排布有什么要求？ |
| 被会见者观点 | 1. 第一次操作须设置，后续操作会将第一次操作设置作为默认设置。<br>2. 成图失败，成图操作结果不保存。<br>3. 由于成图和调图有一定工作量，希望保持已经生成的接线图布局不变，对于线路变化的部分（线路和设备）高亮显示，提示操作员查看变化设备即可。<br>4. 旧系统的处理方式是重新生成接线图并重新调图，耗时、工作量较大，希望保留原线路布局，只提示配电线的变化。<br>5. 操作员通过设置站房设备是否展开来决定，但是如果设置发生变化，线路布局就会发生变化，需要重新调图，工作量较大。<br>6. 接线图的排布走向与接线图的地理走向相同，线路总体按横平竖直排布，线路和设备都不交叉。展开的站房设备占据的空间较大，展开的站房设备的出线有多条，尽量不相交。 |
| 下次面谈目标 | 交互流程细节确认，明确自动成图效果，持续的用例发现和细节补充 |

第三次面谈在前两次面谈的基础上进行，询问内容涉及业务过程的各个细节，递进的过程非常明显。以界面原型和业务操作流程模拟的方式，很直观地展示给用户，用户容易接受和理解。操作员结合操作规范对异常业务流程提出期望，并且表达了旧系统在操作流程和易用性上的不足。可以看出，问题已经涉及系统交互时产生的一些细节、成图效果和操作实施工作量等有关产品性能和质量的需求。

性能需求的定义要适合运行环境，过于宽松的性能要求会带来用户的不满，过于苛刻的性能要求会给系统的设计造成不必要的负担，所以给出一个合适的量化标准非常关键，同时又非常困难。常见的方法是在限定性能目标的同时给出一定的灵活性或者给出不同层次的目标要求。

良好的排布效果是自动成图系统的业务需求之一。自动成图系统在实现自动成图基本操作后，成图效果"好的程度"是项目成功的重要质量指标。然而，成图效果这种需求是仁者见仁智者见智的，很难有统一的标准，而且用户也无法准确地表达出需求。第三次面谈中，用户对成图规范和期望做了初步描述，缺少细节，需要进一步调查。

需求分析小组为了最大限度接近用户期望，派工作人员观察工程实施人员的调图过程，收集接线图调图规范文档资料，制作成图效果原型图。重点针对接线图整体排布效果，展开站房的布局效果构建原型，便于用户理解成图规则。

依据总体布图规范，生成横平竖直的接线图，线路无交叉，设备无重叠，无拓扑数据错误。自动成图效果原型如图 2-4 所示。站房设备包括内部接线和设备，占据矩形排布区域，对整体排布效果及空间的利用产生影响。为此，应依据站房设备进、出线的位置构建站房设备排布原型，如图 2-5 所示。

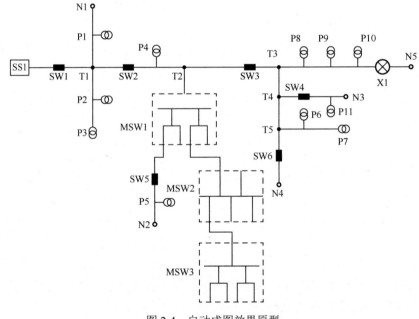

图 2-4　自动成图效果原型

第四次面谈的内容（见表 2-6）在前三次面谈的基础上安排，使用成图效果原型演示成图效果，并询问业务流程中每个不明确的地方。至此，需求获取工作基本完成。

第 2 章 软件需求

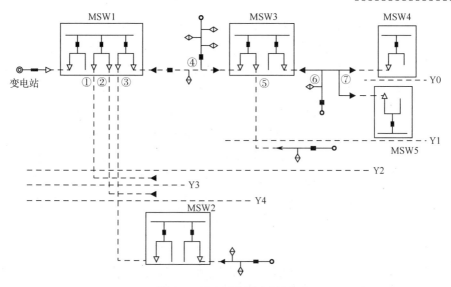

图 2-5 站房设备排布原型

表 2-6 自动成图系统第四次面谈报告

| 面谈 ID | M4 |
|---|---|
| 会见者 | 需求分析师、记录员 |
| 被会见者 | 某供电局操作员 |
| 面谈日期 | 2021-4-10 |
| 面谈主题 | 交互流程细节确认，明确自动成图效果，持续的用例发现和细节补充 |
| 面谈目标 | 展示自动成图效果原型，现场对不明确之处进行提问 |
| 谈话要点 | 1. 接线图的成图走向有什么要求？<br>2. 原型所示站房设备的排布方式，能否满足用户需求？<br>3. 对于线路变化需要重新生成的线路，变化设备希望如何排布？<br>4. 站房设备的出线排布顺序有没有规范？<br>5. 多条接线图同时生成接线图，是否有特殊监控需求？ |
| 被会见者观点 | 1. 为了便于实时监控需求，接线图排布走向最好和地理沿布图的潮流走向一致。<br>2. 排布效果满足，但会造成一定的屏幕空间浪费。<br>3. 变化设备高亮显示以提示操作员，变化设备的排布没有要求。<br>4. 尽量按照出线顺序排布，不交叉即可。<br>5. 多条线路的联络点是监控重点。 |

从上述原型法应用案例可以看出，原型法符合人们认识事物的规律，能在项目初期给用户可视化的直观感受；鼓励用户积极参与，由于有用户的直接参

与，因此获取的需求更贴近用户实际期望；原型法的需求获取和系统开发过程都是循序渐进的，具有很强的应变能力。原型法适用于处理过程明确、简单的小型系统，不适合大型复杂系统，难以模拟的系统，存在大量运算、逻辑性强的处理系统。

原型能够根据环境的变化和用户的要求及时修改，但是整个系统开发过程缺乏统一规划和标准。原型法的复杂性使它在降低软件项目需求风险的同时，也引入了新的风险。涉众可能因为看到了一个正在运行的原型，从而得出产品几乎已经完成的结论，进而提出快速交付产品的不当要求；用户也可能会被原型所表现出来的非功能特性遮蔽了眼睛，从而忽略了他们更应该重视的功能特性；原型法在展示一些不确定性需求的同时，可能会掩盖一些用户的假设，这些假设将会无从发现。

在实践中，项目背景和基础条件影响原型法的具体实施。如果项目以缺陷需求为起始点，则需要不断调整原型以贴近用户期望，这种背景下的项目就可以使用探索式原型法；如果项目拥有清晰的用户需求，但是开发者对这些需求的实现方法、实现效果和可行性没有太大把握，则可以采用实验式原型法；如果项目有清晰的需求，也有积累的原型资产，则可以使用演化式原型开发。

### 2.1.4 工程实践：前景和范围

前景和范围文档是需求获取阶段的重要文档成果，包括对业务需求、前景和范围的陈述。业务需求描述组织或用户的高层次目标，定义系统特性，回答为什么要开发软件或系统的问题。前景描述产品的作用、最终的功能。范围回答系统有什么功能，并描述系统的边界，即哪些功能在系统内，哪些功能在系统外。业务需求决定了前景的广度和深度，范围确定系统的高层次解决方案和系统特性。系统边界常用上下文图和用例图描述。

在此，以自动成图系统为例，说明前景和范围文档的重点内容。文档的关键是明确业务目标，识别业务风险，确定系统特性和发布范围，识别系统边界。

特性树形象地展示了按逻辑分组的产品特性，并将每种特性逐级分解到下一级细节。以下文档案例中，显示了自动成图系统的部分特性树，树的主干代表正在实现的产品，每个特性都有它自己的线或从主干上延伸出来的分支，如图 2-6。

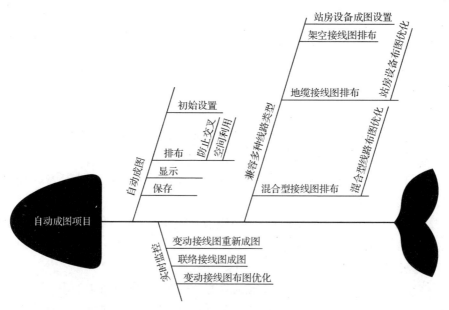

图 2-6 自动成图系统的局部特性树

# 【工程实践：自动成图系统的前景和范围文档】

## 1 业务需求

### 1.1 背景

配电网监视与数据采集系统是以计算机为基础的生产过程控制与调度自动化系统，可以对现场的运行设备进行监视和控制。

高效的监视和控制工作离不开智能且可视化的图形窗口，各类配电网接线图正是工程调度员监控实时运行信息的图形资料。数据正确、布局科学、美观且智能化的配电网接线图系统的设计和开发，可以大幅提升监控调度人员的工作效率，有效降低工程实施成本，具有非常重要的工程应用价值。

现有配电网接线图的工程应用流程存在可视化效果不佳、自动生成效率低和智能化水平不高等问题。自动成图过程大大增加了工程调度员的工作量，远远不能满足工程监控的实时性要求。

### 1.2 业务机遇

兼容架空、地缆及混合线路类型的区域接线图自动生成算法，在城网和农网应用中具有更强的应用和推广价值。配电网监控与数据采集系统是配电网接线图的实时电气数据源，配电地理信息系统（GIS）是地理信息数据源。实时电气数据源和地理信息数据源为自动成图系统提供了数据可行性。

## 1.3 业务目标

BO-1：可实现数据正确、布图清晰、无交叉的成图效果，降低工程调度员75%的工作量。

BO-2：兼容多种线路类型的排布，包括架空线路、地缆线路及混合线路的布图需要。

BO-3：满足实时监控的要求，可有效显示手拉手联络型线路的排布。

## 1.4 成功指标

SM-1：工程调度员和供电局操作员使用自动成图系统后工作量降低了75%，成图响应时间不超过3s。

SM-2：自动成图系统可兼容多种线路类型的排布，可实时生成联络型线路，满足监控应用要求。

## 1.5 前景陈述

作为配电网监控与数据采集系统的重要图形资料，数据正确、布局科学、美观且智能化的配电网接线图系统的设计和开发，可以大幅提升监控调度人员的工作效率，有效降低工程实施成本，具有很高的工程应用价值。

## 1.6 业务风险

RI-1：对自动成图效果的美观度的评判，不同用户可能有不同的理解，以成图效果对调图工作量的影响作为主要评判标准。

RI-2：部分电气数据较多的线路，成图性能可能降低，响应时间超过3s。

# 2 范围与限制

## 2.1 主要特性

FE-1：自动成图，初始设置。

FE-2：自动成图，走线，设备排布，防止交叉，空间利用。

FE-3：自动成图，成图接线图的显示，保存。

FE-4：兼容多种线路类型，站房设备成图设置。

FE-5：兼容多种线路类型，架空接线图排布、地缆接线图排布、混合型接线图排布。

FE-6：兼容多种线路类型，多种线路类型成图优化。

FE-7：实时监控功能，变动接线图的重新生成，成图优化。

FE-8：实时监控功能，联络接线图成图，成图优化。

## 2.2 初始与后续发布的范围

初始与后续发布的范围如表2-7所示。

表 2-7 初始与后续发布的范围

| 特　性 | 发布 1 | 发布 2 | 发布 3 |
|---|---|---|---|
| FE-1：自动成图 | 初始设置 | 站房设备成图设置 | 完整实现 |
| FE-2：自动成图 | 走线，设备排布，防止交叉，空间利用 | 成图优化 | 成图优化 |
| FE-3：自动成图 | 显示，保存 | 完整实现 | |
| FE-4：兼容多种线路类型 | 未实现 | 站房设备成图设置 | 完整实现 |
| FE-5：兼容多种线路类型 | 架空接线图排布 | 地缆接线图排布，混合型接线图排布 | 成图优化 |
| FE-6：兼容多种线路类型 | 未实现 | 多种线路类型成图优化 | 多种线路类型成图优化 |
| FE-7：实时监控功能 | 未实现 | 变动接线图的重新生成 | 成图优化 |
| FE-8：实时监控功能 | 未实现 | 联络接线图成图 | 成图优化 |

## 3 业务上下文

### 3.1 干系人资料

干系人如表 2-8 所示。

表 2-8 干系人

| 干系人 | 主要价值 | 态　度 | 主要兴趣 | 约　束 |
|---|---|---|---|---|
| 管理层 | 提升效率；节约成本；提升实时监控能力 | 支持产品发布 | 提升工程实施效率 | 无明确约束 |
| 系统操作员 | 操作简单；成图效果满足实时监控要求；变动接线图重新生成的成图效果良好 | 强烈支持发布 3 | 监控效果；对变动接线图的系统处理方式 | 操作权限 |
| 工程调度员 | 成图效果良好，成图速度快；调图工作量降低 | 强烈支持发布 1 和发布 2 | 工作量降低 | 操作权限 |

### 3.2 项目优先级

所有列入发布 1 的特性都必须完全可操作；用户验收测试通过率超过 95%；工程调图工作量平均降低 75%；发布 1 计划将在次年第一季度上线，发布 2 在第二季度末上线，接受不超过两周的延期。

## 2.1.5 需求分析方法和流程

需求分析是一个深入理解需求的过程，在这个过程中试图找出遗漏的或不必要的需求，尝试将需求分配给系统架构定义的对应组件，考虑对需求进行恰当的细分，最后将需求以容易理解的方式表达出来。

需求分析的任务是建立分析模型和创建解决方案。建立分析模型，将复杂系统分解为简单的部分，构建它们之间的联系，确定本质特征，和用户达成对信息内容的共同理解，分析活动主要包括识别、定义和结构化。创建解决方案，将一个问题分解成独立的、更简单和易于管理的子问题来帮助寻找解决方案，是为了帮助开发者建立问题的定义，确定被定义事物之间的逻辑关系。

模型是对事物的抽象，可以帮助人们在创建一个事物之前更好地理解事物，集中关注问题的计算特性，如数据、功能、规则等。常见建模方法有抽象、分解和投影。建模是需求分析的主要手段，通过简化、强调来帮助需求分析人员厘清思路，达成共识。目前常见的需求分析方法有三种：结构化分析、面向对象分析和面向问题域分析。方法不只是一种技术，还是解决任务的一种途径，通常由一组技术组成。每种需求分析技术都有自己的特点，只有通过多种需求分析技术的有机结合与集成才能充分地描述复杂应用。需求分析常用方法如图2-7所示。

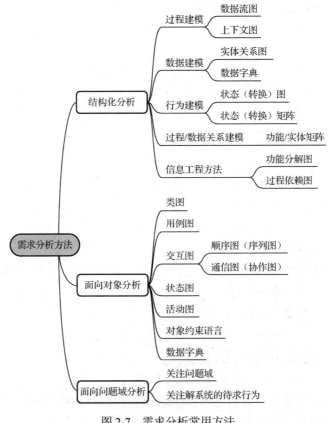

图2-7 需求分析常用方法

## 2.1.6 工程实践：用例说明文档

对需求获取的内容进行有效组织的方法是多样的，如基于用例的方法、基于场景的方法、面向目标的方法等。基于用例/场景模型的组织方式，核心是构建用例图和描述用例。用例是确定系统边界的一个好方法，也是产生测试用例的好方法。用例止于系统接口的边界，用例描述参与者使用系统时所遵循的次序，但不会说明系统内部采用什么步骤来响应参与者的刺激。

用例说明文档是需求获取内容的整理和组织，包括系统主要参与者及用例，每个用例的前置条件、后置条件、一般流程、选择流程及异常流程的详细描述等。自动成图项目的主要参与者及用例如表 2-9 所示。生成接线图用例的描述如表 2-10 所示。

表2-9  自动成图项目的主要参与者及用例

| 主要参与者 | 用 例 |
| --- | --- |
| 供电局操作员 | 1. 设置成图规则<br>2. 生成接线图<br>3. 调图<br>4. 设置站房设备<br>5. 重新生成变动线路<br>6. 改切线路<br>7. 保存线路 |
| 工程调度员 | 1. 重新生成变动线路<br>2. 改切线路<br>3. 保存线路<br>4. 查看接线图<br>5. 监控运行状态<br>6. 预警 |

表2-10  生成接线图用例的描述

| 项 目 | 内 容 |
| --- | --- |
| 用例名和 ID | 生成接线图 UC-1 |
| 使用语境 | 生成接线图是系统的重点功能，基于地理沿布图的潮流走向，依据操作员选择的配电线和初始线路设置，自动生成横平竖直的接线图。接线图的走线和图符不交叉，无大片空间浪费 |
| 范围 | 接线图全新生成、变动接线图重新生成和接线图改切生成是生成接线图的三种情况，包含接线图生成过程 |
| 级别 | 用户目标 |
| 主执行者 | 供电局操作员 |

续表

| 项目 | 内容 | |
|---|---|---|
| 项目相关<br>人员利益 | 项目相关人员 | 利益 |
| | 供电局操作员 | 工程调度员 |
| | 帮助操作员自动生成接线图，降低调图工作量；帮助操作员重新生成变动接线图；帮助操作员重新生成改切接线图；操作员对生成的接线图进行检查和调图操作 | 调度员依据生成的接线图监控电网运行状态；帮助调度员重新生成变动接线图；帮助调度员重新生成改切接线图 |
| 前置条件 | PRE-1：操作员登录系统；<br>PRE-2：操作员选择接线图名称，单击"横平竖直生成接线图"按钮 | |
| 后置条件 | POST-1：自动生成的接线图在屏幕上即时刷新显示；<br>POST-2：更新已经生成接线图列表，当前接线图加入列表；<br>POST-3：更新未生成接线图列表，当前接线图移除列表；<br>POST-4：调图，检查确认后，生成接线图并保存系统数据 | |
| 成功保证 | 接线图的基础——地理沿布图无数据错误 | |
| 触发事件 | 操作员表示希望生成接线图 | |
| 一般流程 | 步骤 | 活动 |
| | 1.0 生成接线图 | |
| | 1 | 操作员查看待生成接线图的配电线列表，找到预生成接线图的线路名称 |
| | 2 | 操作员选中线路名称复选框（可选择一条或多条，多条线路通常是有联络关系的） |
| | 3 | 操作员单击"横平竖直生成接线图"按钮 |
| | 4 | 系统自动生成接线图 |
| | 5 | 生成的接线图显示在屏幕上 |
| | 6 | 操作员检查接线图数据的正确性，调整坐标位置 |
| | 7 | 操作员单击"保存"按钮，保存成图数据 |
| | 8 | 系统保存数据 |
| | 9 | 刷新显示保存后的成图数据 |
| 扩展流程 | 步骤 | 分支动作 |
| | 1.1 地缆型接线图的生成/混合型接线图的生成 | |
| | 1 | 线路中有站房设备（站房设备拥有内部接线图） |
| | 2 | 操作员设置站房设备是否展开站内接线图 |
| | 3 | 返回一般流程的步骤4 |
| | 1.2 环型接线图的生成 | |
| | 1 | 接线图设备在连接关系上构成环路 |
| | 2 | 生成接线图过程中，系统提示接线图构成环路，是否继续生成 |
| | 3 | 操作员选择继续生成接线图，返回一般流程的步骤5 |
| | 4 | 操作员选择拒绝，系统会终止用例 |

续表

| 项　目 | 内　容 | |
|---|---|---|
| 异常流程 | 步　骤 | 异　常　动　作 |
| | 1.0 E1 接线图基础数据有错误 | |
| | 1 | 系统提示用户基础数据错误 |
| | 1a | 如果操作员取消生接线图操作，系统就会终止用例 |
| | 1b | 否则，操作员检查基础数据错误，修改后，重新请求生成接线图，系统重新开始用例 |
| | 2.0 E2 生成接线图坐标错误 | |
| | 2 | 系统提示错误坐标设备 |
| | 2a | 如果操作员取消生接线图操作，系统就会终止用例 |
| | 2b | 否则，操作员检查基础数据错误，修改后，重新请求生成接线图，系统重新开始用例 |
| 优先级 | 高 | |
| 使用频率 | 全新构筑的城网和农网供电局，系统部署构建初期，因为要对该地区主要线路生成接线图，所以使用频率很高；而后期只需根据监控需要临时对次要线路生成接线图，因此使用频率不高 | |

## 2.2 软件需求定义和验证

需求定义的目的是根据需求获取和需求分析的结果，进一步准确无误地定义需求，产生软件需求规格说明。

### 2.2.1 软件需求规格说明

软件需求规格说明是一种以书面形式表达和存储需求信息的文档。它便于用户与开发人员之间交流需求信息，是整个开发工作的基础。软件需求规格说明文档包括以下几部分。

1. 引言

首先，引言说明编写这份需求说明的目的，指出预期的读者。软件需求规格说明的读者通常是项目团队成员，该文档是系统设计和开发的基础，是测试的依据。其次，引言说明项目的任务提出者、开发者和用户；列出文档中用到的专门术语的定义。最后，引言列出相关参考资料。前景和范围文档是软件需求规格说明的必要参考资料。

### 2．项目概述

阐明系统开发的意图、应用目标、作用范围以及其他有关系统开发的背景材料；解释被开发系统与其他有关系统之间的关系；列出本系统最终用户的特点及对系统的预期使用频率；列出进行系统开发工作的假定和约束。

### 3．功能需求

对于每一类或每一个功能具体描述引言、输入、加工和输出。引言描述功能要达到的目标、所采用的方法和技术以及功能的背景；输入描述该功能的所有输入数据，指明引用接口说明或接口控制文件的参考资料；加工是定义输入数据、中间参数，以获得预期输出结果的全部操作；输出描述该功能的所有输出数据，指明有关接口说明或接口控制文件的参考资料。

### 4．外部接口需求

说明系统同其他系统之间的接口、数据通信协议、用户接口和硬件接口等。指定需使用的其他软件产品以及同其他应用系统之间的接口，包括软件产品的规格说明、版本号和来源等；指出软件产品和系统硬件之间每一个接口的逻辑特点；提供用户使用软件产品时的接口需求，包括用户屏幕格式的要求、输入/输出的相对时间及程序功能键的可用性等；用户界面接口说明包括将要采用的图形用户界面标准或者产品系列的风格、有关屏幕布局或者解决方案的限制、将要使用在每一个屏幕（图形用户界面）上的软件组件、快捷键、各种显示格式的规定、错误信息显示标准等。

### 5．数据需求

数据需求包括对静态数据、动态输入数据、动态输出数据、数据约定的逻辑描述，数据的采集范围、要求和处理等描述。

### 6．非功能需求

非功能需求主要包括可靠性、安全性、可维护性、可扩展性、可测试性等，如系统支持的并发操作数量、响应时间、与实时系统的时间关系、存储器、磁盘空间等容量需求。

7. 设计约束

系统应当遵循的标准或规范，软件、硬件环境（包括运行环境和开发环境）的约束，接口/协议的约束和用户界面的约束等；一些可能会对系统设计产生影响的假设或依赖，如对用户教育程度、计算机技能的一些假设或依赖，对支撑本系统的软件、硬件的假设或依赖等。

### 2.2.2 工程实践：软件需求规格说明

软件需求规格说明文档在实际撰写过程中，可根据项目特点进行适当裁剪。在此，以自动成图项目为例，介绍项目目标、用户特点、假定和约束、功能需求、外部接口需求、数据需求、非功能需求和设计约束等。注意对识别的需求和约束编号，便于需求的跟踪。

## 【工程实践：自动成图系统的软件需求规格说明】

**1 引言**

**1.1 编写的目的**

此软件需求规格说明描述了自动成图系统的功能性和非功能性需求。此文档由项目团队成员使用，是系统设计和实现的基础，是测试的依据。

**1.2 背景**

自动成图系统帮助供电局操作员自动生成接线图，降低调图工作量；帮助操作员重新生成变动接线图或重新生成改切接线图。系统帮助调度员依据生成的接线图监控电网运行状态。在《自动成图系统的前景和范围文档》中阐述了此版本中规划的需求的完整或部分实现的特性。

**1.3 定义**

CIM：公共信息模型（Common Information Model）描述了电力企业的所有主要对象，通过提供一种用对象类和属性及属性间的关系来表示电力系统资源的标准方法。

SVG：可缩放矢量图形规范（Scalable Vector Graphics）是由W3C组织发布的一种基于XML的开放二维图形描述语言。

配电自动化系统：是实现配电网的运行监视和控制的自动化系统，具备配电网监控和数据采集（SCADA）、馈线自动化（FA）、电网分析应用及与相关应用系统互联等功能，主要由配电主站、配电终端、配电子站（可选）和通信通道等部分组成。

一条配电线路：以出线开关（对于开闭所）或者配电线出线（对于变电站）对应的节点为起点，向负荷侧沿虚线搜索所有相关的线路、设备和拓扑数据。

一次接线图：是指直接用于生产、输送和分配电能的过程中的中高压电气设备连接图。

站房设备：变电站、配电站、开关站、箱式变电站、电能用户等。

设备：站内进出线、变压器、断路器、隔离开关、负荷开关、母线、配电线路、电力电缆、电缆端子头、电流/电压互感器、电容器等一次设备。

数据边界：电气关系从进线终端开始直到出线终端为止。

布局：上下级电源关系清楚，反映设备连接分布。

## 1.4 参考资料

《自动成图系统的前景和范围文档》

《国家电网公司电网 GIS 平台与配电自动化系统应用集成规范》

《配电馈线地理图到电气接线图的转换》

《配电网理论及应用》

GB/T 8567—2006《计算机软件编制规范》

## 2 项目概述

### 2.1 目标

此项目是为了解决现有一次接线图生成排布美观性问题，以国网 GIS 一次接线图的生成效果为基本目标，生成布局合理、美观、无拓扑错误的接线图而进行的优化开发。具体目标如下：

（1）合理的布局

基于地理沿布图，确定电源点的位置及主线路的走向，确保电源点总在一次接线图的边缘部位；基于地理沿布图的潮流走向，确定接线图分支的走向，以此来保证生成的接线图与地理沿布图潮流方向一致。

为了充分利用屏幕横向宽纵向窄的特点，将主线路（包含节点最多的路径当作零级分支）水平放置。

（2）一次接线图美观，无设备重叠、线路交叉

基于地理沿布图，生成横平竖直的一次接线图，图形清晰、走向明确。

结合图符大小，自动调整线路间距，在不交叉、不重叠及全屏显示整幅图的前提下，使图形尽可能大。

（3）无拓扑错误

始终保持线路、设备、拓扑数据的正确性、一致性。

## 2.2 用户的特点

用户的特点如表2-11所示。

表2-11 用户的特点

| 用户类别 | 描述 |
| --- | --- |
| 管理层 | 管理层使用自动成图系统监控电网数据的实时运行情况，使用频率低 |
| 工程调度员 | 1. 工程调度员使用系统完成日常操作，监控系统实时运行情况；使用系统重新生成变动接线图、改切接线图。<br>2. 工程调度员每天都会使用系统完成日常调度和监控操作，使用频率较高。<br>3. 工程调度员都需要接受培训，学习如何使用自动成图系统 |
| 供电局操作员 | 1. 供电局操作员是自动成图系统的主要用户。供电局操作员使用系统自动生成接线图，降低调图工作量；重新生成变动接线图、改切接线图；操作员对生成的接线图进行检查和调图操作。<br>2. 各个城网和农网供电局操作员都要使用系统完成接线图成图操作，完成日常调度工作。<br>3. 系统部署构建初期，因为要对该地区主要线路生成接线图，所以使用频率很高；而后期，由于只需根据监控临时对次要线路生成接线图，因此使用频率不高。<br>4. 供电局操作员都需要接受培训，学习如何使用自动成图系统 |

## 2.3 假定和约束

CO-1：系统的设计、代码、维护文档应遵循《国家电网公司电网GIS平台与配电自动化系统应用集成规范》和GB/T 8567—2006《计算机软件编制规范》。

CO-2：数据规范遵守电网资源类型参数代码表和实时数据信息定义。

CO-3：系统将使用当前企业标准Oracle数据库引擎。

## 3 需求规定

### 3.1 功能需求

#### 3.1.1 功能需求1：自动生成接线图

1. 引言

对用户所选线路自动生成接线图，此功能可降低用户调图工作量，是工程调度员和供电局操作员的助手。

2. 输入

用户选择待生成接线图的线路名称；接线图的设备和地理信息。

3. 加工

（1）对接线图的设备和地理信息进行有效性检查。

（2）操作员选择线路名称，单击"自动成图"按钮。

（3）系统通过成图算法计算接线图的排布坐标。

（4）对成图接线图的设备和地理信息进行有效性检查。

（5）系统成图成功，效果图自动刷新显示在屏幕上；系统成图失败，提示用户失败信息。

4. 输出

屏幕显示成图接线图；生成接线图设备数据和坐标数据，操作员拾取设备获取坐标信息，可进行调图操作。

3.1.2 功能需求 2：重新生成变动接线图

本示例不提供具体描述。

3.1.3 功能需求 3：重新生成改切接线图

本示例不提供具体描述。

3.1.4 功能需求 4：站房设备的设置

本示例不提供具体描述。

3.1.5 功能需求 5：实时监控功能

本示例不提供具体描述。

## 3.2 外部接口需求

### 3.2.1 用户界面接口

UI-1：系统为每个展现的界面提供帮助链接，说明如何使用该功能。

UI-2：自动成图和调图功能允许通过键盘完成导航和功能菜单选择。

UI-3：为了充分利用屏幕横向宽纵向窄的特点，将主线路水平放置。

### 3.2.2 软件接口

SI-1：配电地理信息系统（GIS）

SI-1.1 自动成图系统通过编程接口将待生成接线图的线路名称传递给 GIS 系统。

SI-1.2 自动成图系统对 GIS 对应的接线图的地理信息数据进行调取，得到配电线基础地理信息。

SI-2：配电网监控与数据采集系统

SI-2.1 自动成图系统将成图结果图数据传递给监控与数据采集系统，通过数据发布接口，监控与数据采集系统完成实时监控。

SI-2.2 信息交换总线网关监听企业服务总线上的消息队列，接收到自动成图系统发送的消息后转发给对应地市的信息交换总线。

SI-2.3 服务请求经过信息交换总线网关，调用电网 GIS 平台注册在企业服务总线上的服务。服务完成相应的业务处理后，返回连接令牌。

SI-2.4 服务请求经过信息交换总线网关，调用电网 GIS 平台注册在企业服务总线上的电网模型图形数据服务。服务将电网模型图形数据返回至配电自动化系统。

SI-2.5 获取电网模型图形数据结束后，配电自动化系统调用关闭连接服务，具体过程与调用建立连接服务相同。

### 3.2.3 硬件接口

不识别硬件接口。

### 3.2.4 通信接口

通过数据发布总线，自动成图系统将接线图设备和地理信息发送给 SCADA 系统；SCADA 系统保持持续通信，将变动设备信息传递给自动成图系统，触发重新生成操作。

配电自动化系统接收到电网 GIS 平台返回的连接令牌后，根据电网结构变动消息中的内容，判断具体调用单线图/系统图/厂站一次接线图模型图形服务，再次向信息交换总线发送服务请求以获取电网图形模型数据。

## 3.3 数据需求

调用电网 GIS 平台提供的服务，调用参数须进行 IEC 61968 格式适配，可由总线或网关完成相应转换。

配电自动化系统根据电网结构变动消息中的参数调用拓扑模型数据接口，电网 GIS 平台返回指定的系统图的 CIM 拓扑模型数据。拓扑模型数据如表 2-12 所示。

配电自动化系统根据电网结构变动消息中的参数调用图形数据接口，电网 GIS 平台返回指定的系统图的 SVG 图形数据。图形数据如表 2-13 所示。

表 2-12 拓扑模型数据

| 接口名称 | 系统图的 CIM 拓扑模型数据 |
| --- | --- |
| 数据流程 | 双向，数据流向为：电网 GIS 平台→配电自动化系统 |
| 频率 | 准实时 |
| 技术路线 | 企业服务总线+信息交换总线 |

表 2-13 图形数据

| 接口名称 | 系统图的 SVG 图形数据 |
| --- | --- |
| 数据流程 | 双向，数据流向为：电网 GIS 平台→配电自动化系统 |
| 频率 | 准实时 |
| 技术路线 | 企业服务总线+信息交换总线 |

## 3.4 非功能需求
### 3.4.1 性能需求

PER-1：显示设备默认分辨率为 1600×1200，最大分辨率为 1920×1080。

PER-2：在有航拍地理背景的情况下，接线图的平均加载速度，漫游为 300ms，缩放和定位为 500ms。

### 3.4.2 防护需求

SEC-1：应用日志必须按日保存，每个文件保存应用一天的完整日志。

SEC-2：历史应用日志必须压缩后按日保存，以减少历史日志文件对硬盘空间的占用。

SEC-3：历史应用日志必须保留一个月（30 天），以保证问题出现后，日志可以得到较好的保存。

## 3.5 设计约束

DC-1：电网资源类型参数代码表。

电网资源类型参数用于区分电网资源空间数据的类型，其编码采用线分类法，由三段共 11 位数字码组成。第一段为分类第一级，采用 2 位数字码；第二段为分类第二级，采用 7 位数字码；第三段为分类第三级，采用 2 位数字码，如果无第三级，则补零对齐，如图 2-8 所示。

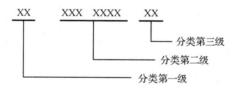

图 2-8　线分类法

DC-2：消息适配器。

IEC 61968 环境中的消息适配器是符合框架的软件，它能够使不符合框架的应用软件使用 IEC 61968 环境中的服务。部件适配器可使部件符合 IEC 61968-3 及以后系列标准中的一个或多个特定接口规范。

## 2.2.3 需求验证

交付后软件缺陷的发现及修复成本往往是需求、设计阶段发现及修复缺陷成本的百倍。

——Victor Basili 和 Barry Boehm《关于减少软件缺陷的十大结论》

需求验证是一种为了确认需求信息是正确的而进行的审核需求和确认需求的活动，目的是确保需求开发结果能使开发人员制定出满足项目目标的解决方案。具体来说，需求验证是需求工程中发生的对需求规格说明文档进行的验证与确认活动。需求验证是为了验证经过前期的需求获取、分析和定义过程，已经以正确的方式建立了需求，需求集是正确的、完备的和一致的，它们在现实世界中的满足是可行的和可验证的。需求确认是为了确认建立的需求是正确的，每一条需求都是符合用户原意的。

需求验证方法包括评审、原型与模拟、开发测试用例、用户手册编制、利用跟踪关系和自动化分析等。

- 评审是由作者之外的其他人来检查产品问题的方法，是主要的静态分析手段。
- 涉及复杂的动态行为时，采用原型与模拟方法，这种方法成本较高。
- 开发测试用例方法，通过围绕软件需求规格说明设计测试用例的方式，试图发现无法定义完备测试用例的需求定义，推测这一条需求定义可能存在的模糊、信息遗漏、不正确等缺陷。
- 用户手册编制的过程天然就是一种验证功能需求、项目范围、异常流程需求、环境与约束需求的过程。
- 分析"业务需求—用户需求—系统需求"跟踪关系，如果业务需求和用户需求没有得到后项需求的充分支持，那么软件需求规格说明文档就存在不完备的缺陷。分析"系统需求—用户需求—业务需求"跟踪关系，如果不能依据跟踪关系找到一条系统需求的前项用户需求和前项业务需求，那么该需求就属于非必要的需求。

## 2.3 需求管理

世界上唯一不变的是变化。对它敞开心扉，微笑着接受它。将需求、平台或工具的每一次更改视为一个新的挑战，而不是一些无可奈何的严重不便。

——Jerry Weinberg《程序开发心理学》

需求管理是一种用于查找、记录、组织和跟踪需求变更的系统化方法，可用于获取、组织和记录系统需求并使客户和项目团队在系统需求变更上保持一致。有效的需求管理在于维护清晰明确的需求阐述、每种需求类型所适用的属性，以及与其他需求项和其他项目工作之间的可追踪性。其活动包括定义需求基线、建立跟踪信息、进行变更控制。

需求基线是指将通过正式评审和批准的需求规格说明或需求项纳入配置管理，以此"基线"作为固定的需求，添加新的需求或修改原有的需求都必须经历需求变更流程。

需求跟踪是指通过比较需求文档与后续工作成果之间的对应关系，建立与维护需求跟踪矩阵，确保产品依据需求文档进行开发。

需求变更控制是指依据"变更申请—审批—更改—重新确认"的流程来处理需求的变更，确保需求的变更不会失去控制而导致项目发生混乱。

### 2.3.1 需求基线

需求基线要以一种持续、恒定和易于项目涉众访问的方式存在。需求基线通常以文档的方式被纳入配置管理中。需求基线的内容是项目共享资产的工作基础，应该实现统一的管理。

需求基线的内容如下：

（1）标识符：为后续的项目工作提供一个共同的参照。

（2）当前版本号：保证项目的各项工作都建立在最新的一致需求基础之上。

（3）源头：在需求进一步深入理解或者改变需求时，可以回溯到需求的源头。

（4）理由：提供需求产生的背景知识。

（5）优先级：后续的项目工作可以参照优先级安排和调度。

（6）状态：交流与具体需求相关的项目工作情况。

（7）成本、工作量、风险和可变性：为需求的设计和实现提供参考信息，驱动设计和实现工作。

（8）其他：需求创建的日期，需求相关的项目工作人员，需求涉及的子系统，需求涉及的产品版本号，需求的验收和验证标准。

### 2.3.2 需求跟踪

将系统设计、编程、测试等阶段的工作成果与需求文档进行比较，建立与维护"需求文档—设计文档—代码—测试用例"之间的一致性，确保产品依据需求文档进行开发。

### 1. 建立与维护需求跟踪矩阵

需求跟踪矩阵保存了需求与后续工作成果的对应关系。矩阵单元之间可能存在"一对一"、"一对多"或"多对多"的关系。当需求文档或后续工作成果发生变更时,要及时更新需求跟踪矩阵。

对需求跟踪矩阵以正向跟踪、逆向跟踪和双向跟踪的方式进行跟踪和维护。正向跟踪,检查需求文档中的每个需求是否都能在后续工作成果中找到对应点。逆向跟踪,检查设计文档、代码、测试用例等工作成果是否都能在需求文档中找到出处。

### 2. 找不一致

使用需求跟踪矩阵的优点是很容易发现需求文档与后续工作成果之间的不一致处。例如,后续工作成果没有实现需求文档中的某些需求,后续工作成果实现了需求文档中的不存在的需求,后续工作成果没有正确实现需求文档中的需求。

项目管理者记录发现的不一致需求,并通报给相关责任人。

### 3. 消除不一致

相关责任人制定消除不一致需求的计划和措施。相关责任人消除不一致需求之后,项目管理者更新需求跟踪矩阵。

## 2.3.3 需求变更控制

IEEE 1990 指出,需求变更控制就是以可控、一致的方式进行需求基线中需求的变更处理,包括对变化的评估、协调、批准或拒绝、实现和验证。

在软件生命周期过程中,任何阶段都可能发生变更,变更是不可避免的。需求的变更对项目的影响较大。在敏捷型项目中,需求变更的应对较灵活,但对于大的变更仍然需要执行严格的变更控制流程。

需求变更包括需求变更申请、审批需求变更申请、更改需求文档和重新确认需求四个步骤。

需求变更控制过程中可能涉及的项目涉众包括变更提出者、需求管理小组、变更控制委员会、项目组和变更验证人。需求变更控制过程如图 2-9 所示。需求基线建立后,需求变更的提出者需要以正式的方式提出变更申请;需求管理小组接收申请,进行初步的变更评估,拟出需求变更单,向变更控制委员会呈交变更单提请变更；变更控制委员会进行变更评估和变更影响分析，拒绝或允许变更。若拒绝变更，本次变更流程结束；若允许变更，则正式启动变更实施流程。变更实施过程中，综合变更需求及项目整体情况，需求管理小组对变更提出者和相关涉众展开需求调研，需求得到确认后，纳入需求项，更新需求基线。项目组结合需求变更影响及需求项的优先级，修改项目计划，配置开发资源，制定开发方案，实施开发；同时，变更验证人（一般为测试人员）制订测试计划，配置测试资源，制定测试方案。需求开发完成后，验证需求项，待发布产品后供用户确认。

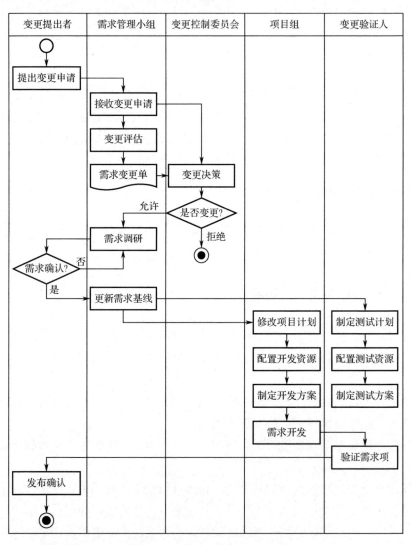

图 2-9　需求变更控制过程

整个的变更控制实施过程要详细记录下来。需求变更记录表如表2-14所示。

**表2-14 需求变更记录表**

| 一、项目基本情况 | | | | |
|---|---|---|---|---|
| 项目名称 | 自动成图系统 | 项目编号 | T0808 | |
| 制作人 | 张芳 | 审核人 | 李四 | |
| 项目经理 | 张三 | 制作日期 | 2021-6-15 | |
| 二、历史变更记录（按时间顺序记录项目以往的每一次变更情况） | | | | |
| 序号 | 变更时间 | 涉及项目任务 | 变更要点 | 变更理由 | 申请人 | 审批人 |
| 1 | 2021-4-15 | 产品第1阶段需求 | 图符设置操作改变 | 操作流程简化 | 张三 | 李四 |
| 2 | 2021-4-20 | 产品第1阶段需求 | 站房设备出线排布规则改变 | 用户实际监控需要，接线更清晰 | 刘峰 | 张三 |
| 3 | 2021-6-15 | 产品第1阶段需求、设计、开发 | 重新生成接线图时设备排布规则改变 | 用户实际监控需要，变化设备突出显示 | 张三 | 李四 |
| 三、请求变更信息（建议的变更描述以及参考资料） | | | | |
| 1. 申请变更的内容 | | | | |
| 重新生成接线图时设备排布规则改变：变动设备在原图矩形范围外显示，以黄色高亮闪动方式提示操作员 | | | | |
| 2. 申请变更的原因 | | | | |
| 用户实际监控需要，变化设备突出显示 | | | | |
| 四、影响分析 | | | | |
| 受影响的基准计划 | 1. 需求规格 | 2. 第1阶段产品进度计划 | 3. 第1阶段产品设计 | 4. 第1阶段产品开发 |
| 是否需要成本/进度影响分析 | | ■是 | □否 | |
| 对成本的影响 | 需求分析人员、设计人员、开发人员的人工成本 | | | |
| 对进度的影响 | 变更需求项影响整体排布规则设计，需求项重新调研、设计和开发需10工作日 | | | |
| 对资源的影响 | 需求分析人员、设计人员、开发人员的人工资源 | | | |
| 变更程度分类 | □高 | ■中 | □低 | |
| 若不进行变更有何影响 | 影响用户实时监控功能使用的易用性 | | | |
| 申请人签字 | 王五 | 申请日期 | 2021-6-16 | |
| 五、审批结果 | | | | |
| 审批意见 | 同意变更，对需求项进行重新调研 | 审批人签字 | 李四 | 日期 | 2021-6-16 |

## 2.4 需求分析实施

优秀的需求分析不是一蹴而就的,往往要经历需求获取、分析、定义和验证的反复迭代。需求分析的成果也必须执行良好的跟踪和变更控制,才能得到与需求一致的产品。可以采取以下实际行动全面控制需求分析质量。

### 1. 实行工程化的需求开发和管理

工程不仅仅是一个学科或一个知识体系,还是解决问题的方法,包括管理、过程和技术三方面。需求工程指采用工程化的概念、原理、技术和方法,把经过时间考验证明正确的管理技术和适用的技术方法相结合,开发、跟踪及管理软件需求的所有活动。

工程化的方法可以解决复杂项目的需求问题,可以提升需求开发效率,将需求分析过程体系化。

### 2. 实行面向用户参与的需求原型演化

用户的参与和配合是需求分析结果准确、全面的关键。综合运用故事原型、界面原型等原型系统与用户交互,及时得到反馈信息,验证该阶段的成果并及时纠正错误。实行面向用户参与的需求原型演化技术是高效的。

### 3. 实行需求的里程碑式审查与版本控制

实行需求的阶段性控制是必要的。软件需求分析包括需求获取、需求分析、需求定义、需求验证及需求管理等阶段。每个阶段都有任务和成果,需求分析阶段成果纳入版本管理,确保需求过程有序推进,产品业务需求得以实现。

需求分析阶段及其成果如表 2-15 所示。

表 2-15 需求分析阶段及其成果

| 需求分析阶段 | 阶 段 成 果 |
| --- | --- |
| 需求获取 | 前景和范围,业务用例模型 |
| 需求分析 | 系统用例模型、过程模型、数据模型等需求分析模型,系统解决方案 |
| 需求定义 | 软件需求规格说明 |
| 需求验证 | 需求评审记录,需求确认记录 |
| 需求管理 | 需求跟踪矩阵,需求变更申请及变更评审记录 |

里程碑式审查就是在需求的每个阶段结束之前，使用结束标准对该阶段的成果以正式或非正式的形式进行审查，并对需求各阶段成果编版本号，实施需求的版本控制，记录修改及变更信息，便于需求追溯。需求分析阶段的审查是可裁剪的，可针对重点成果进行评审。

**4．建立需求分析核心框架**

框架的核心价值是对知识的积累。软件开发框架是从代码出发进行知识的积累，架构代码是对某个特定问题领域中的抽象概念及这些抽象概念之间关系的描述。软件测试框架是测试开发过程中提取特定领域测试方法共性部分形成的体系结构，是对设计原则和设计经验的重用。

建立需求分析技术和经验的框架也是必要的。分析文档、领域模型、UML建模图是抽象层次高于代码的工件，可以帮助开发人员和用户更好地理解需求。对需求从数据、功能、网络和时间等角度运用结构化的、信息工程及面向对象的需求分析技术，提取共性需求分析经验。建立需求分析框架，提高需求分析效率及准确性。

**5．引入外部审计机制**

为了避免由于需求分析小组成员的素质、能力及主观意愿的影响，引入第三方的监理和审计，通过第三方的审查和监督来确保需求质量。

## 2.5　本章小结

需求工程有着属于它自己的生命周期模型。需求工程过程拥有一些常见的需求工程活动，如需求获取、需求分析、需求定义、需求验证和需求管理等。需求开发活动是互相交织、并发、迭代和递增的。需求工程过程的成功执行需要应用很多有效的实践方法。

需求获取是一个困难和复杂的任务，需求获取的成功执行需要有效组织子活动过程。

需求分析是需求工程中最重要的活动。通过需求分析，对获取信息进行建模是理解问题的关键，也是创建正确解决方案的关键。

需求定义明确解决方案和需求，承载需求分析的成果。需求定义是一项复杂的活动，正确的文档写作要求准确地界定文档的特性。掌握文档模板的裁剪技巧和文档的写作技巧,可以帮助提高需求规格说明文档写作的能力。

需求验证有多种有效的方法,实践中最为重要和广泛应用的是评审方法和原型方法。需求验证不仅要发现问题,而且要监督问题的解决。

需求管理是发生在需求开发之后的需求工程活动,贯穿于余下的产品生命周期,用于确保需求的有效实现。

站在最终用户/客户的角度才能衡量一个产品的质量。检验产品质量的最终标准只有一个:满足使用者的实际需要,使用户从数字化的软件产品中获益。因此软件研发团队需要坚持以用户为中心,站在用户角度考虑问题,这也是需求分析如此重要的原因。

# 第 3 章

# 软件策划

实际上,与学会做正确的事情相比,停止做错误的事情更难。

—— Capers Jones

## 3.1 软件计划

凡事预则立,不预则废。这就是为什么软件组织在项目开始前都会或多或少地进行各类计划,如软件项目管理计划、软件质量保证计划、软件配置管理计划及软件测试计划等。下面将以某项目为例一一进行简要说明。

### 3.1.1 软件项目管理计划

软件项目管理计划(SPMP)包含概述、项目介绍、项目组织、技术流程等 4 部分。

#### 1. 概述

SPMP 的目的是定义和记录软件项目的范围、进度、资源和风险,确定项目使用的方法,描述项目小组间的协调计划以及对项目的管理和涉及的技术等,旨在为参与项目的所有成员提供同步团队预期的可交付成果的概述文件。SPMP 包含项目的假设条件、流程、人员预算和时间表等内容。

## 2. 项目介绍

某项目发布计划如表 3-1 所示。

表 3-1　某项目发布计划

| 项目里程碑 | 功　　能 | 日　　期 |
|---|---|---|
| 功能发布 1 | 工作包 1、2：空中接口迁移<br>工作包 3、4：个人呼叫融合架构 I | 2022-11-3 |
| 功能发布 2 | 工作包 3、4：个人呼叫融合架构 II<br>工作包 5：呼叫等待 | 2022-12-8 |
| 功能发布 3 | 工作包 6：可选择的双工通话<br>工作包 1、2：个人呼叫 | 2023-1-15 |
| 功能发布 4 | 工作包 1、2：状态消息和紧急警报 | 2023-2-23 |
| 功能发布 5 | 工作包 5：呼叫转移 I | 2023-4-6 |
| 功能发布 6 和<br>维护发布 0 | 工作包 5：呼叫转移 II<br>工作包 6：呼叫保持和控制台电话 | 2023-5-25 |
| 维护发布 1 | 修复更改请求 I | 2023-7-13 |
| 维护发布 2 | 修复更改请求 II | 2023-9-7 |

SPMP 规定，在每次加载构建之前，需要执行手动模块测试，以减少逃逸到系统集成测试的缺陷数量。重要的软件工作产品将进行正式技术评审（FTR）。FTR 结束时，会议信息由主持人填写。对于代码审查，50 行注释代码被视为一页。根据 FTR 的结果，主持人和 FTR 团队决定是否通过或不通过，或者是否必须采取一些措施才能通过。如有疑问，必须联系软件质量保证工程师或项目经理（PM）。

另外，SPMP 还定义了模块测试流程，即模块测试计划。每个模块测试计划均描述发布的模块测试过程的共性，包括方法和策略，用于提供测试活动的概述，以及为每个计划的功能所执行的测试活动。对于每个模块，需要创建一个或多个软件测试规范（STS）文档，通常为每个特征创建一个，也可以将多个特征组合在一个 STS 中。STS 以一个可追溯性矩阵的形式提供了待测试的需求、未测试的需求等信息。对于每个软件需求规格说明（SRS）需求，要么将其映射到测试用例，要么提供不这样做的原因。除 SRS 需求外，STS 还可能包含补充需求，即必须在 STS 中说明的隐含需求。STS 还可以提供逆向可追溯性矩阵，将测试用例映射回 SRS 需求。最终，可追溯性矩阵包含已测试和未测试的需求以及测试用例的总和。详细的测试规范描述了足够的信息，用于手动运行测试或在自动环境中执行测试。它提供了一个表单，将描述结构化为标签、描述、前提条件、所需资源、测试通过标准以及更多细节。需求分析阶段的输出包括可追溯性矩阵、测试方法和测试用例标题。STS 需在模块测试阶段完成，包含测试用例的详细描述。

SPMP 还定义了测试日志表（TLS）。这是一个 MS Excel 文档，包含来自 STS 文档中可追溯性矩阵的测试标签，每行一个。测试标签是测试用例的唯一标识，可能只是测试用例编号，例如"<功能>，testcase01"。TLS 记录了每个测试用例的开发状态和执行状态，可以提供相关的变更请求编号，并且有一个用于评价的单元格。所有数据都在汇总表上进行计数和汇总。汇总表是图形表示的来源。TLS 会定期更新，如每周更新一次。在每个发布准备评审和可选的开发版本之前，一个测试日志表的版本要存储在版本管理库中。STS 和 TLS 的部分内容还将在 3.1.4 节中讲述。

项目可交付成果包括四部分：外部交付成果、内部交付成果、产品文档及积压的缺陷。外部交付成果为交付给客户的软件。内部交付成果为该项目将提供的所有必要的文件，如软件项目管理指南。产品文档将按要求提供对全球客户文档（GCD）的输入和支持，如安装手册。积压的缺陷是指项目团队接手的前期遗留缺陷及本阶段新产生的缺陷，应满足软件质量保证计划（SQAP）的要求。缺陷的处理始终取决于优先级和资源可用性。每周都将在快速响应会议上对缺陷到达进行监控，并将对所有影响版本的缺陷采取措施。除此之外，将应用以下项目策略：在后续版本中交付新实现功能的团队将设计并实现软件变更请求；变更请求的分配将基于人员技能和功能状态。增强功能将取决于优先级和资源可用性。如果该阶段资源紧张，则可能无法完成增强功能的变更请求。

3. 项目组织

首先介绍流程模型。该项目遵循 V 模型，用于模块测试和开发。计划与设计阶段的目的是，与系统架构师合作，形成最佳的架构设计和需求定义；与系统设计（SD）架构师合作，为需求规范做贡献；为项目估算和规划准备技术培训，确保新的团队成员具有执行项目的能力，并建立合适的研发团队以应对项目的挑战；概述技术工作领域、工作分解结构（Work Breakdown Structure，WBS）、软件需求规范（SRS）和设计的工作说明书（Statement of Work，SOW）；尽早启动软件设计、实现和测试活动。某项目研发团队的概要介绍如表 3-2 所示。

表 3-2 某项目研发团队的概要介绍

| 功　　能 | 开始时间 | 研发组长 | 核心团队结构 |
|---|---|---|---|
| 工作包 1、2：空中接口迁移、个人呼叫 | 2022 年 2 月 | 艾斯 | 4 位开发，2 位测试 |

续表

| 功能 | 开始时间 | 研发组长 | 核心团队结构 |
|---|---|---|---|
| 工作包3、4：个人呼叫融合架构 | 2022年7月（1人）<br>2022年10月（5人） | 何伦 | 7位开发，4位测试 |
| 工作包5：呼叫等待、呼叫转移 | 2022年2月（2人）<br>2022年3月（4人） | 付凯 | 8位开发，2位测试 |
| 工作包6：呼叫保持和控制台电话 | 2022年3月（1人）<br>2022年10月（8人） | 康福 | 9位开发，4位测试 |
| 升级 | 2022年8月（1人） | 唐特 | 1位开发，1位测试 |

根据软件系统整体项目计划，每个子系统研发团队都将在组织内部的技术网站Twiki上建立和维护各自的子系统项目计划，监控最新状态及进展，并作为Twiki上整体项目计划的有机组成部分。研发团队将在Twiki上维护以下信息：

- 详细的工作分解。
- 计划和跟踪关键活动和可交付成果——里程碑（Milestone）表。
- 将在项目报告中汇总每周状态。

需求阶段的目的是详细说明需求，指定外部接口并获得足够的需求测试覆盖率所需的测试用例。每个功能领域需求阶段的交付产品如下：

- 技术需求规格说明（TRS）和接口控制文档（ICD）。
- 工作说明书（SOW）和工作分解结构（WBS）。
- 具有可追溯性矩阵的SRS和STS，与早期集成（EI）和系统集成测试（SIT）负载计划（V模型）大致一致。

上述可交付成果发布后，需求阶段即告结束。

实施阶段分为详细设计、编码、模块集成、早期系统集成等子阶段。其中，详细设计将按照标准软件开发流程进行；编码是根据编码规则完成的；模块集成将与早期系统集成负载一起执行。该项目将采用测试驱动的方法。每周将进行软件构建，可以对新功能和变更请求的解决方案进行验证。每个软件构建都会提供构建说明，生成包含测试结果的测试日志报告，并在早期集成测试阶段，进行跨模块的功能和接口测试。每个工作包团队将负责在EI中测试它们的功能。这必须与其他模块团队协调。EI计划定义了范围、角色、职责、进入和退出准则等。某模块的EI计划如表3-3所示。

表 3-3 某模块的 EI 计划

| 早期集成 ID | 功 能 | 日 期 |
|---|---|---|
| EI 1 | 工作包 1、2：空中接口迁移 | 2022-8-18 |
| EI 2 | 工作包 3、4：个人呼叫融合架构 I | 2022-8-4 |
| EI 3 | 工作包 1、2：组内呼叫 | 2022-11-3 |
| EI 4 | 工作包 3、4：个人呼叫融合架构 II<br>工作包 5：呼叫等待 | 2022-11-3 |
| EI 5 | 工作包 1、2：个人呼叫 | 2022-12-8 |
| EI 6 | 工作包 6：可选择的双工通话 | 2022-12-1 |
| EI 7 | 工作包 1、2：状态消息和紧急警报 | 2023-1-12 |
| EI 8 | 工作包 5：呼叫转移 I | 2023-3-9 |
| EI 9 | 工作包 5：呼叫转移 II<br>工作包 6：呼叫保持和控制台电话 | 2023-4-20 |

某项目 EI 测试负载的特点如下：
- EI 有专门的项目经理负责促进 EI 规划、准备特定 EI 负载、执行和报告。
- EI 分为四个工作包团队：
① 跨境通信；
② 多个呼叫补充业务——呼叫转移、呼叫等待；
③ 平台维护升级和增强软件许可；
④ 控制室单呼补充服务。
- 指派来自各模块团队的工作人员执行 EI 计划中定义的 EI 测试。
- 每日举行 EI 状态和问题会议，通过分发的行动说明进行跟进，并由 EI 的项目经理推动。
- EI 测试期间发现的问题将记录为模块缺陷。
- 在各模块团队的支持下，负责测试设施，确保系统环境在 EI 负载到位之前成功配置和运行。
- 确保系统集成测试可执行并能与各模块的软件测试规格说明配合使用，作为在 EI 负载中执行的测试基础。
- 各模块团队应参与 EI 加载，在此加载重要的新功能（与其他模块的接口）并支持其他 EI 加载，为调查问题报告提供联系人。
- 假设可以在本地实验室设施和/或远程连接到其他实验室的情况下执行 EI 负载中的模块测试。

以下测试活动在每次交付给 EI 和 SIT 之前都应执行模块测试：

- 在模块中测试新开发的功能。
- 回归测试——在每次发布版本加载之前执行的完整回归测试,核心回归测试将作为每个开发版本负载的最小值执行。
- 必须在 SIT 负载下执行手动测试。
- 必须完成 SIT 负载的性能测试。
- 在发布最终安装版本前进行安装和健全性测试。这应该在 SIT 之前完成,或者最迟与 SIT 安装同时完成,以防止在此之前软件包不可用。

用于规划模块测试活动的方法如下:
- 在开发阶段发现的问题将按如下方式跟踪:

① 跟踪方法应由模块开发人员和测试人员通过邮件、Excel、Twiki 等达成一致。当涉及多个开发人员和测试人员时,建议使用 FTR 进行问题跟踪。

② 在开发阶段交付给测试的构建是以补丁的形式对先前交付的构建进行标记的。

- 在模块测试阶段发现的问题将记录为缺陷:

① 对于新的或修改过的测试用例的首次运行失败,缺陷应该针对测试环境问题提出。如果确认故障是由产品引入的,则应为产品缺陷。

② 对于以前通过的遗留测试用例或新的或修改的测试用例的失败,应针对产品作为问题提出。如果确认失败是由测试环境引入的,则该缺陷属于测试环境问题。

③ 在评估问题时,将决定缺陷是否影响产品或测试环境,以及问题是故障还是增强功能。

④ 测试环境缺陷将以与产品缺陷相同的方式进行处理和跟踪。

⑤ 重复的缺陷:当问题的根本原因相同时,就会出现缺陷重复。模块测试必须确保验证两个缺陷场景;开发人员应该在父缺陷中注明重复的缺陷场景也被验证。

⑥ 具有相同根本原因的多个缺陷:在多个缺陷具有相同根本原因的情况下,解决缺陷的变更请求应链接到所有已解决的缺陷,在这种情况下不应有重复缺陷。

⑦ 同一测试用例上的多个问题应由一个列出所有问题的缺陷涵盖。

- 项目经理(PM)和测试组长(TL)需要每周都对所有产品和测试环境缺陷进行审查。

模块测试将根据测试策略计划中描述的策略在混合硬件平台上执行。每次模块测试执行后,都会在测试日志表中填写结果并存储在项目文件夹中。除此之外,性能测试也是模块测试的一部分,并在最后一次功能加载期间执行。SIT 将被邀请作为模块测试计划和 STS 的审阅者。

项目进入 SIT 标志着正式交接。完成分发版本的安装和健全性测试不是 RRR（发布就绪评审）或 SIT 的入口准则。除非另有约定，所有软件在进入 SIT 之前都将经过正式发布流程。如果交付满足负载的 RRR/SIT 入口准则，则 SIT 必须接受交付。升级时的技术决策权属于发布架构师。SIT 可能需要项目团队的支持，以进行测试定义和测试用例审查以及测试期间发现的可能故障的分类。SIT 确定的问题将记录为缺陷（SIT 发现的缺陷）。

某项目组织结构示意图如图 3-1 所示。

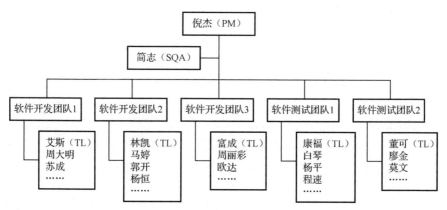

图 3-1　某项目组织结构示意图

项目责任人的职责及人员配置如表 3-4 所示。

表 3-4　项目责任人的职责及人员配置

| 责 任 人 | 职　　责 | 人　员 |
| --- | --- | --- |
| 项目经理 | 项目管理 | 倪杰 |
| 系统架构师 | 工作包 1～6 的架构设计 | 李达 |
| 功能负责人 | 工作包 1、2 的开发 | 艾斯 |
| 功能负责人 | 工作包 3 的开发 | 李达 |
| 功能负责人 | 工作包 4 的开发 | 富成 |
| 功能负责人 | 升级、构建管理、Klocwork | 林凯 |
| 测试技术负责人 | 工作包 1、2 的测试技术决策和评审 | 余和 |
| 测试技术负责人 | 工作包 3、4 的测试技术决策和评审 | 董可 |
| 性能测试负责人 | 性能测试技术决策和评审 | 陈德 |
| 项目配置管理人员 | 项目配置管理活动的管理和监控 | 程修 |

项目经理的职责：
- 项目整体发布责任。
- 确定计划和执行计划。
- 领导和协调团队活动。
- 领导、通知和报告。
- 负责跟踪积压的缺陷。
- 为每个版本执行软件发布程序要求的活动。
- 负责每两周评审问题变更请求。
- 确定项目团队的决策。
- 关闭项目。

系统架构师的职责：
- 通过处理分配的任务、履行承诺并支持其他团队成员履行承诺，积极充当负责任的团队成员。
- 计划团队内的软件开发活动。
- 为开发团队准备和维护配置管理规范。
- 执行团队计划。
- 遵循对项目有效的现有流程。
- 开发新功能。
- 保持现有功能。

功能负责人的职责：
- 确保更新和发布相关接口控制文档。
- 使用适当的工作分解结构完成项目的实施成本计算。
- 估计软件质量保证计划（SQAP）目标（如估计的缺陷数量）。
- 使用风险跟踪报告和减轻与该功能相关的技术风险。
- 准备每周团队报告。
- 评审技术风险并确保积极应对所有技术风险。
- 确保发布软件需求规格说明书。
- 与团队一起准备概要设计。
- 带领团队专注于可靠的技术解决方案，并按 SIT 计划完成软件实现和缺陷修复、版本安装、SIT 的配置说明等工作。
- 向其他功能团队报告和协调团队间的依赖关系/可交付成果。
- 与团队一起跟踪并向 PM 报告工作进度和估算剩余工作。
- 为功能团队提供经验教训。

- SIT/EI 的关键技术联系人。
- 负责 EI 计划和 EI 测试的协调。
- 确保完成所有缺陷的根本原因分析（Root Cause Analysis，RCA）。

测试技术负责人的职责：

- 通过处理分配的任务、履行承诺并支持其他团队成员履行承诺，积极充当负责任的团队成员。
- 在测试团队内计划测试活动。
- 开发新的测试用例和更新旧的测试用例。
- 执行测试计划分配的活动。
- 验证缺陷。
- 成为软件开发团队的一员。
- 评审 SRS/STS/设计文件。
- 遵循对项目有效的现有流程。

性能测试负责人的职责：

- 计划和执行性能测试活动。
- 维护性能测试环境。
- 验证性能工具。
- 开发新测试用例并更新旧测试用例。
- 更新 STS。
- 支持处理与性能相关的变更请求。
- 提供性能和容量测试报告。

项目配置管理人员的职责：

- 准备软件配置管理计划（SCMP）。
- 执行软件配置管理计划中描述的项目软件配置管理活动。
- 与功能特性所有者一起定义开发分支、发布脚本、修复合并到主干分支的策略。
- 持续确保 SCMP 目标在项目中广为人知并被理解。
- 为每个版本执行软件发布程序要求的活动。
- 从其他站点获取基线。
- 维护项目网站。
- 评审模块测试版本管理。
- 执行修改内容并合并到主干分支。

### 4. 技术流程

- 所有源文件和文档都将使用 ClearCase 进行配置管理。
- ClearQuest 中生成的 SR 用于文档和代码更改控制。
- 文档将根据需要用 Word 或 FrameMaker 编写。
- Klocwork 将用于代码的静态分析。
- Eclipse、C-scope、Source Navigator 和 Workshop 用于代码调试。
- 所有源文件均采用 C、C++和 Java 语言编写。

## 3.1.2 软件质量保证计划

软件质量保证计划（SQAP）包含的内容：
- SQAP 的目的和范围。
- SQAP 参考的文件列表。
- 软件质量保证的管理，涉及组织、任务、责任。
- 列出所有相关的文档，如开发人员手册、测试计划、软件配置管理计划等。
- 质量标准定义，包括质量目标、文档标准、逻辑结构标准、代码编写标准、注释标准等。
- 软件工作产品评审。
- 软件配置管理，包括配置定义、配置控制、配置评审等。
- 问题报告和处理。
- 工具、技术、方法。
- 代码控制。
- 版本发布的标准。
- 事故/灾难控制，包括火灾、水灾、紧急情况、疫情等。

某项目质量目标如表 3-5 所示。

表 3-5 某项目质量目标

| 项 目 | 基 线 | 改 进 | 目 标 | 预计改进 |
| --- | --- | --- | --- | --- |
| 创造性 | 49% | 提升 3% | 52% | 52% |
| 劣质成本 | 9% | 维持 | 9% | 9% |
| 遗留缺陷数量 | 17 | 减少 20% | 14 | 14 |

续表

| 项 目 | 基 线 | 改 进 | 目 标 | 预计改进 |
|---|---|---|---|---|
| 发布版本 Klocwork 发现问题数量 | 50 | 减少 20% | 40 | 40 |
| 新引入的高级别缺陷的修复周期 | — | 监控 | — | 21 工作日 |
| 阻碍性缺陷的修复周期 | — | 监控 | — | 21 工作日 |

版本发布的质量标准如表 3-6 所示。

表 3-6 版本发布的质量标准

| 项 目 | 新 开 发 | | | 回 归 | | |
|---|---|---|---|---|---|---|
| | 开发版本 | Beta 测试版本 | 发布版本 | 开发版本 | Beta 测试版本 | 发布版本 |
| SRS 中需求总数 | 待定 | 无 | 待定 | 待定 | 无 | 待定 |
| 测试失败或尚未测试的需求数 | 20% | 5% | 0% | 20% | 5% | 0% |
| 计划执行的测试用例数(占 STS 中总数的百分比) | 80% | 100% | 100% | 80% | 100% | 100% |
| 失败的测试用例最大比例（负载执行测试用例的百分比） | 25% | 0% | 0% | 25% | 0% | 0% |
| 计划从以前的负载结转的测试用例（百分比） | 0% | 0% | 0% | 20% | 0% | 0% |
| 组件测试覆盖率跟踪方法 | 无 | | | 无 | | |
| 组件测试覆盖率 | 100% | 100% | 100% | 无 | 无 | 无 |

制订软件质量保证计划（SQAP）的实施步骤如下：
- 了解项目的需求，明确项目 SQAP 的要求和范围。
- 选择 SQA 任务。
- 估计 SQA 任务的工作量和资源。
- 安排 SQA 任务和日程。
- 形成 SQAP。
- 协商、评审 SQAP。
- 批准 SQAP。
- 执行 SQAP。

### 3.1.3 软件配置管理计划

软件配置管理（SCM）的目的是管理软件工作产品配置。软件配置管理计划（SCMP）的存在是为了确保项目工作产品得到管理和控制。

SCM 活动特定职能角色如表 3-7 所示。

表 3-7 SCM 活动特定职能角色

| SCM 活动 | SCM 职能角色 | | | | | | |
|---|---|---|---|---|---|---|---|
| | 资源经理 | 项目经理 | 软件配置管理经理 | 软件质量控制人员 | 软件变更控制委员会 | 开发工程师 | 软件质量保证人员 |
| SCMP 创建 | | ■ | ■ | | | | ■ |
| 版本构建及发布 | | | ■ | ■ | | | ■ |
| 变更请求提交 | ■ | ■ | ■ | ■ | ■ | ■ | ■ |
| 变更请求评估 | | | ■ | | | | |
| 变更请求批准 | | | | | ■ | | |
| 变更请求实现 | | | ■ | | | | |
| 配置状态统计 | | | ■ | | | | |
| 状态报告生成 | | | ■ | | | | |
| 审计 | | | | ■ | | | ■ |
| 备份及灾难恢复 | | | ■ | | | | |
| 计划维护 | | ■ | ■ | ■ | | | ■ |
| 项目管理评审 | ■ | ■ | ■ | | | | |

注：■表示该活动发生。

SCMP 将列出必须置于软件配置管理下的项目。在进行任何审查之前，这些项目必须放入版本对象库（VOB），包括所有形式的文档以及新的或修改的源代码。这些配置项工作的完成和发布必须通过正式技术评审（FTR）。配置识别中的差异应上报给软件配置管理经理进行缓解。软件工作产品分为配置项、存储位置的使用、命名和标识模式、基线以及通常的配置控制。以下类型的软件工作产品应被视为配置项：

- 工作陈述。
- 软件生产计划（SPMP、SCMP）。
- 软件需求规格说明。
- 概要设计。
- 详细设计。
- 功能规格说明。
- 逻辑描述。
- 源代码。
- 所有测试的可交付成果。
- 开发和管理工具。
- 用户手册。
- 任何其他客户的可交付成果。
- 变更控制会议纪要。
- 变更请求和问题报告。
- 从配置项派生的任何链接对象。

以下类型的软件工作产品将不被视为配置项：

- 非变更控制会议纪要。
- 状态报告。
- 查看数据。

所有配置项都存储在 ClearCase 版本对象库（VOB）Orion 中。Orion 将用于包含应用软件交付物以及测试交付物，如图 3-2 所示。

图 3-2 显示了 Orion 的顶层目录结构，4 个主要的子目录为：

- doc，包含与整个项目相关的文档，如项目管理、报告和规范。
- implement，包含与独立软件包相关的工作产品，如开发项目、文档、软件版本和测试项目。
- qa，包含软件质量保证的工作产品，如评审、变更控制项、度量等。
- tools，包含软件工具的工作产品，如可执行文件、源代码和文档等。

分支用于识别配置项的状态。ClearCase 是用于管理配置项分支的工具。对于可以执行 ClearCase diff 和合并功能文件的分支（通常是源文件、头文件和文本文件），分支遵循 SCMP 中已定义分支模式的规定。对于文档的分支，将有一个主分支用于修改文档。此分支名称将包括修改或创建文档的位置。文档将驻留在此分支上，直到向客户发布软件版本。ClearCase 标签的使用将提供识别版本的机制，如图 3-3 所示。

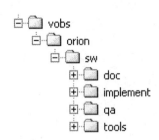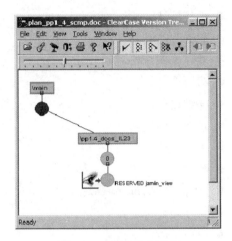

图 3-2　某项目版本对象库顶层目录结构　　　图 3-3　文档分支示意图

SCMP 将规定配置项命名规范，为要置于配置管理下的每个配置项（CI）分配一个唯一的名称。计划类文档的命名规范如表 3-8 所示。

表 3-8　计划类文档的命名规范

| 配置项类型 | 计　　划 |
| --- | --- |
| 前缀 | plan_ |
| 扩展 | <工具使用的默认扩展名> |
| 规范 | plan_<project>_<type>.<ext> |
| 示例 | plan_ppcps_sc_scmp.doc<br>plan_ppcps_sc_spmp.doc<br>plan_ppcps_sc_sqap.doc |

软件工作产品通过评审后，进入发布和控制阶段。发布版本应放在发布分支上。系统测试应在项目分支的系统测试版本上进行。在向客户发布软件版本之前，与该版本相关的配置项应合并到发布分支并使用版本号进行标记。

开发组有责任在产品生命周期结束后的 7 年内，维护每个已发布产品的可恢复文档和工作工件。这将用于实现设施之间的产品转移，以保证产品文档和工作工件可用于产品责任评估，并保护知识产权。每个发布版本都应转移到发布区域。发布区域将提前向网络支持人员确定，并请求发布区域存档。每个档案都将根据灾难准备计划进行存储。存储介质可以是磁带或 CD-ROM。需存档的条目必须包括能生成交付版本的代码和设计文档所需的所有条目。所有与项目相关的条目都必须存档。存档材料的示例包括项目计划文档、需求、设计文档、源代码、makefile、编译器、链接器、定位器、可执行文件（包括 DLL）、符号文件、分发图像、测试计划、测试脚本、测试结果和发布的勘误表等。每个库都有一个发布目录，包含每个库的开发或交付接受的软件版本的配置控制副本，以及包括勘误表、自述文件和行数在内的支持文档。

项目的配置管理员将使用 SCM 检查表进行 SCM 审核。标注基线、更改跟踪和报告的数据元素包括以下内容：

- 文件：包括但不限于项目计划、需求、设计、清单、发布说明。
- 源代码：包括但不限于源文件、头文件、makefile、可执行派生对象。
- SCM 审核将由 SCM 使用 SCM 检查表在每个阶段进行。

生成的状态报告包括以下内容：

- 每周报告超过两周以上的配置项的过期签出。
- 将为每个基线版本生成源代码的增量行计数。

这些信息将由脚本以文本形式收集、处理和报告。过期签出报告将通过电子邮件报告给过期签出所有者和项目管理团队。这些报告将不受配置控制。行计数报告将被存储并置于每个基线版本的配置管理之下。

### 3.1.4　软件测试计划

下面以模块测试（Box Testing）计划为例介绍软件测试计划。模块测试是测试集成软件模块以验证其是否满足指定系统和模块的要求，可以验证模块的功能、外部接口和时序要求等。文档旨在支持所有与测试相关的工程师进行测试活动。一般来说，测试工作与开发活动是分开的。尽管如此，功能开发团队和功能测试团队之间仍需保持密切联系，以便进行交叉审查、协调可交付成果等。

1. 引言

计划文档的第 1 节首先定义了测试范围、需要测试的部分和不需要测试的部分。例如，该计划不考虑组件测试，也不考虑组件集成测试，因为这些任务属于开发活动。其次介绍每个新功能都将使用以下方法进行测试：

- 模块测试（以证明该功能正常工作）。
- 根据特定功能的特定需求进行回归测试（以证明该功能没有破坏任何功能）。
- 性能测试（测试性能变化）。

这也意味着可以使用上面列出的一种或几种方法来验证是否满足性能要求。

## 2. 测试范围

计划文档的第 2 节首先描述了作为测试对象的软件需求。测试过程的目的是验证最终产品是否满足需求。被测试的需求包括：

- 老版本的遗留需求。
- 与新项目正在开发的新功能相关的需求。

此外，在模块测试阶段之后发现的每个代码缺陷都应该被视为潜在的未发现需求。测试范围还需要定义不被测试的需求。不被测试的需求是由于某种原因无法测试的需求。定义测试范围的目的是不遗漏任何特定需求，测试人员可以通过建立双向可追溯表达到该目的。双向可追溯表的一部分工作是通过分析测试依据（如需求、用户故事），识别分析测试条件，设计测试用例的相互关系；另一部分工作是当某一条目发生变化时，能追踪并判断其他相关条目是否需要变化，如根据测试结果更新测试依据和测试用例间的可追溯性（见表 3-9）。

表 3-9 可追溯性矩阵

| 测 试 依 据 | 测 试 条 件 | 测 试 用 例 |
|---|---|---|
| 需求 SRS 101 | 测试条件 101 | 测试用例 101 |
| 需求 SRS 102 | 测试条件 102 | 测试用例 102 |
| 需求 SRS 103 | 测试条件 103 | 测试用例 103 |
| 需求 SRS 104 | 测试条件 104 | 测试用例 104 |
| …… | …… | …… |

## 3. 测试方法

计划文档的第 3 节包含主要测试域的定义以及为创建和执行项目可交付成果的测试过程而采取的方法和策略。

第一，要注明软件使用何种测试方法进行功能测试，如黑盒或白盒方法。如果可以自动化，则应避免手动测试用例和半自动测试用例。如果估计自动化工作量超出合理限度，应与资源管理人员讨论后再做决定。出于实际原因，某些测试可能决定不采用自动化，比如用现有工具进行自动化测试不可行，或者自动化的成本相对于可能带来的收益来说太高了。此外，某些测试的性质必须在物理连接和配置的设备上执行，特别是验证那些通过自动测试技术无法达到的需求。团队可以配备补充工具，例如网络流量监控器或其他监控工具，同时通过终端在被测体上启动命令或脚本。

模块测试可以使用手动或自动测试,旨在检查软件是否满足需求、验证缺陷是否解决或功能是否实现。回归测试可验证在集成新功能后,遗留功能是否仍能按预期工作。回归测试的主要目的不是发现缺陷,而是验证代码。测试用例应该在完整创建完成并集成到套件中之后包含在回归套件中。作为缺陷修复方案的验证程序创建的所有测试用例也必须包含在回归集中。为了确定优先级并正确设计测试用例,测试人员可以与开发人员合作,例如讨论、采访等。为测试某项功能创建的测试用例通常用于测试最终产品是否满足软件需求。为功能组成的测试场景不仅应包括严格验证需求的流程,还应设计实施一些不正确的场景,以检查软件对不正确或不一致的输入数据的免疫力。这意味着在创建测试场景时会考虑异常测试用例。

第二,性能测试或非功能测试一般涉及以下主题:内存泄漏、CPU 负载、周转时间及内存使用情况等。性能、容量和音频质量(PCAQ)需求文档定义一些相关需求。与性能测试相关的工作是收集内存使用情况、响应时间和 CPU 负载。CPU 负载的指标由性能工具提供,而内存负载的指标来自内存泄漏工具。长期测试是为了检查系统的长期稳定性。假设长期测试将使用与性能测试相同的硬件进行。这意味着当测试环境没有被其他性能测试(如 CPU 负载、内存使用)占用时,可以执行长期测试。

第三,关于测试策略。与一个新特性相关的回归测试用例将被识别并在特性测试规格说明书中说明。这意味着相邻的代码或功能可能已受到新功能实现的影响。此外,将创建测试用例验证缺陷解决方案。软件具体的质量目标在 SQAP 文档中说明,详细的测试覆盖率和测试成功率目标在 SQAP 文档中定义。测试成功率是衡量软件质量的一种方式。测试覆盖率是衡量测试团队绩效的一种方式。模块测试包括:

- 自动化测试环境中实现的自动测试场景,被视为回归集。
- 一组手动测试。
- 针对新功能开发的一些自动测试。
- 性能测试。

功能测试计划是在可以访问新软件负载时,尽可能频繁地执行功能测试,以检查测试软件的准备情况。完全回归测试包括所有在软件测试规格说明书文档(包括自动、半自动和手动测试用例)中声明的测试用例,可以省略针对未更改组件的测试用例。每次发布都要进行全自动回归测试。对于调试版本,部分回归测试通常是可以接受的,如果可能,也应该进行完全回归测试。半自动和手动测试通常在发布版本中进行。回归测试的测试结果将在测试日志表中报告，包括对可能错误的分析，以及对错误的分类、分析和纠正等。在调试版本中，可以执行以下策略：

- 执行特定的测试用例以验证构建中修复的缺陷。
- 执行轻量级回归套件中的测试用例。
- 有选择地执行剩余的测试套件。

在发布版本中完成完全回归测试。对于部分回归测试，被测体可分为多个组件。只有被修改的组件才需要进行回归测试。对于未在源代码级别修改的组件，可以省略回归测试。如果仅进行了孤立的、微小的修改，则认为风险很低，不需要进行完全回归测试，可以执行部分回归测试。较小的修改可能是由于产品代码合并或缺陷修复引起的。对于产品的每个小修改，要确定进行部分回归测试的相关性，至少应该包括直接受到影响的功能。最终，一些精心挑选的测试涵盖了其他功能，例如被认为不受修改影响的基本调用。少数、精心挑选的测试是所谓的冒烟测试，可验证有限但必不可少的特定功能。对于每个新功能，应该定义一个包含基本测试用例的列表。性能测试将按照软件项目管理计划（SPMP）的定义运行完整的性能测试。

第四，关于专家测试。它的本质是基于测试人员的经验和直觉，可以解决需求文档中没有严格讨论的问题或场景，没有为其定义正式的测试用例。如果在被测试软件中观察到严重问题，则需进行专家测试。此类测试被记录在测试进度中，并存储为补充测试日志文档。有用的指标包括花费的时间和遇到的事件数量。如果遇到事件，则在提出缺陷时启动正式流程。这需要一个可以重现事件的测试用例，在修复缺陷后再验证解决方案。

另外，将在性能环境上运行一些被测试模块的测试用例，意味着验证高负载被测体上的功能，看看被测体是否可以正确响应。该测试将在大部分目标功能已内置在软件中并准备好进行测试之后进行，只是一次测试，不会成为回归测试的一部分。测试结果是一个补充测试日志文件。

第五，可能的虚拟化问题。由于被测体运行在虚拟化架构上，因此高风险或可能的问题包括：

- 高可用性（被测体应用程序与硬件对话的能力）。
- 安装（多操作系统整合引入了全新的安装过程）。
- 交互（被测体与同一物理平台中存在的其他功能模块之间）。
- 性能（被测体应用程序在大量负载下正常运行的能力）。

第六，日志文件。被测体将警告记录于此文件。警告分为以下四类：

- CR（Critical，严重的）。
- MA（Major，重大的）。
- MI（Minor，次要的）。
- IF（Informational，信息性的）。

被测体代码中可能存在潜在错误，在某些情况下可能会升级为严重问题。在代码发布给客户之前，这些迹象可能已经能够表明存在严重缺陷。通常，在测试用例开发期间会检查日志文件，以查找测试实现中可能存在的问题。项目人员必须增强风险意识，因为 MA/MI 错误可能会导致不可预测的故障。

**4．测试可交付成果**

计划文档的第 4 节定义了从软件测试的角度被认为是"测试可交付成果"的项目。

第一，将为项目引入的每个功能创建一个软件测试规范（STS）文档（或多个，如果需要）。STS 文档的目的是描述测试场景和策略。STS 包含以下内容：

- 追溯矩阵，包括 3 个部分，即要测试的需求、不被测试的需求和可追溯性矩阵。
- 测试用例详细描述表。
- 继承的测试用例。

① 回归测试或一次性测试：测试人员应该随时执行任何测试以发现错误。测试用例可以归类为回归测试用例或一次性测试用例，即它们不包含在回归测试套件中。这些考虑应基于此功能可能受到其他区域更新或未来合并失败的影响的风险。如果这种风险很低，或者很少需要更新，那么将它们作为一次性测试用例处理是可以接受的。

② 继承的测试用例和 STS：必须始终为任何选择的测试创建 STS 文档，无论它们是一次性测试用例还是回归测试用例。原始文档的内容可以是复制粘贴的，也可以通过详细标识［文档名称、版本和位置、章节编号和标签（如果有）］引用。源文件始终包含在参考列表中，以便以后可以验证是否有任何更改。可追溯性矩阵将需求和测试用例标识联系起来，但需求可能不可用。在这种情况下，需求可以从测试描述中得出，就像摘要一样。

第二，测试记录表。测试记录表是测试用例列表及其相应 STS 文档的主要参考。测试记录表是可追溯性矩阵的主要存储库，通过链接包含在 STS 中。测试记录表是一个 Excel 表，包含所有测试用例以及对测试标签和测试用例文件存储库的引用。Excel 表总结了状态并创建了图形表示。可追溯性矩阵中的所有条目都引用了详细的测试描述，必须在测试记录表中有一个相应的条目。测试记录表计算了几个指标，如覆盖率和自动化级别，还生成了每周状态的演示文稿。测试记录表将不断更新以支持追踪量化的通用测试指标。

第三，测试报告。对于每个软件版本，将创建一个测试报告。从物理上讲，它包含在测试记录表中。除了测试记录表自动生成的内置摘要，还应说明文本摘要并强调任何异常或与预期的偏差。

第四，测试用例、套件和工具。项目团队至少将交付一个回归测试套件，包括在 STS 文档中指定并已成功执行的测试用例。测试套件是特殊的可交付物，在自动测试环境中组织测试用例，并提供使用相关配置脚本执行一系列测试用例的简便方法。测试套件被视为测试创建阶段的可交付成果之一。

### 5. 测试人员的日常工作

计划文档的第 5 节简要描述了测试人员在日常工作中要进行的活动和要完成的工作，定义了测试人员在创建或执行测试时必须经过的步骤，目的是作为测试人员工作的参考。

（1）测试任务。总体来说，测试任务包括以下活动：

● 研究项目要求，包括技术要求规格说明书（TRS）和软件需求规格说明书（SRS）文档，并开发适当的测试用例。在理想情况下，应仅通过跟踪 SRS 需求来实现完全覆盖。

● 根据需要创建一个或多个 STS 文档，以定义可在计划时间内实现的最有效测试。

● 与设计人员讨论，找出代码中的关键区域并测试这些区域。

● 设计结合多个需求（如繁忙转换和漫游）的测试用例。

● 开发和运行测试用例。

● 在已实现功能的区域确定回归测试用例。

● 由于新功能的需求而更新回归测试套件。

● 尝试尽可能多地发现所交付软件中存在的缺陷。

● 验证新功能。

● 审查测试可交付成果，包括 STS、测试用例、脚本、工具、指南。

● 当被测试软件被移交给测试团队时，会召开功能测试的发布就绪评审（RRR）会议。

● 分析失败的测试用例。

● 修复失败的测试用例。

- 存储测试日志并将其作为今后测试日志的参考。

（2）测试用例创建工作流程。负责测试用例和测试文件的测试人员必须完成以下任务：

- 根据软件配置管理计划（SCMP）存储文件。
- 确保测试用例能直接从版本存储库中取出。
- 将测试用例集成到测试套件中。
- 配置管理员根据特定基线的变更记录（CR）将标签添加到创建或修改的文件中。测试人员应与可能对相同文件进行修改的其他测试人员进行协调。

建立软件测试规范（STS）时必须针对特定测试用例完成STS的可追溯性，STS定义了测试用例应该做什么以及应该验证哪些需求。

具体测试流程及其中包含的软件工作产品如下。

① 创建测试用例阶段，测试用例将被实施。自动测试用例被设计和编写，且必须在STS中为每个测试用例提供详细的描述，例如测试用例的位置、路径名、测试脚本文件名、测试用例的实现［选择以下之一：没有实现（必须说明原因）、手动、半自动、自动］。测试用例将简要描述测试输入、方法、场景及测试输出等。测试用例准备工作描述不属于测试用例本身的任何准备工作，可能包括硬件准备以及准备被测体的配置脚本，准备工作必须在执行测试用例前完成，以建立适当的执行条件。测试用例详细说明提供了必要和充分的信息，以便在自动环境中实施测试，或者手动或半自动执行测试，必须说明测试通过的标准。注释提供测试用例实施者或测试用例执行者感兴趣的任何其他信息，例如添加任何可能影响批处理运行测试的约束。根据软件配置管理计划（SCMP）的规定创建分支。在这个阶段，应根据跟踪实施的测试用例更新测试日志表。

② 在调试阶段测试用例将被调试，直到第一次成功执行。如果需要更新STS、环境等，必须再提出测试变更请求。当测试用例和测试脚本已调试但仍未通过时，将在产品上提交缺陷报告。如果可能，新创建的测试用例必须至少由另一个测试人员和测试主管进行正式技术评审（FTR），并且还应邀请开发人员代表参与。开发测试在调试和执行的过程中进行，直到测试在稳定的产品上至少通过一次。如果有任何故障是由于测试用例或产品引起的，则必须仔细检查。日志表将根据工作进度进行更新。

创建测试套件：测试用例可以使用套件执行。当属于某个功能的测试用例通过时，它会被提交，可以将它集成到回归测试套件中。为特定功能选择的回归测试用例也应该通过。

③ 测试执行、测试用例的开发和更新要与被测对象代码的开发相协调。测

试执行包括：
- 测试结果分析。
- 如果需要，重新运行测试。
- 记录测试结果，包括通用测试指标。
- 提出缺陷报告。

新测试用例的状态将记录在测试日志表中。无论正式评审还是非正式评审，所有重要文件和交付都应进行评审，包括：
- STS 文件。
- 消息流程图（MSC）或详细描述的测试用例。
- 公共脚本。
- 测试工具开发和维护工作。

评审参与者：对于 STS 审核，必须邀请相关功能团队、质量保证（QA）代表、测试组长（TL）、特性组长（Feature Leader）和其他评审人员。STS 一般发布两次：计划阶段和模块测试阶段。

测试用例、相关脚本和数据文件：这些项目将被非正式评审。这些评审将在交付时经常进行，每周或每两周进行一次。测试用例评审可以由单个评审者进行，可确保测试用例与 STS 文档相关。

测试日志表：将在使用新功能时进行正式评审。

测试脚本：基于 Unix、Perl 或任何其他语言的脚本（或代码），用于帮助用户管理测试环境、测试执行和收集测试结果。脚本将被正式评审，包括文档和代码。

文档至少包括配置管理信息（组件、存储、标签等）、设计描述、支持工具（环境、编译器、库组件等）和用户指南。

④ 对于代码修复，必须确保它已被正确测试。测试工程师有责任确保正确验证修复，即为此目的设计了新的测试用例，意味着测试工程师负责创建验证测试程序、调试并针对修改后的代码运行此程序以验证修复。从黑盒的角度来看，测试用例应该不是由开发人员创建的，而是由测试人员创建的。这种方法会使验证过程的质量更好。如果已经创建了测试用例，则应根据已修复的功能在适当的 STS 中对其进行描述，并包含在回归测试套件和测试日志表中。测试用例还必须进行非正式评审。如果不存在合适的 STS，则必须创建一个。创建缺陷修复验证测试用例时，测试用例创建者有责任确保将测试用例添加到日志表和测试套件中，以成为回归测试套件的一部分。跟踪缺陷并将其分配给测试工程师是测试主管的责任。

⑤ 测试完成后，测试结果将被输入测试日志表。分析测试的失败是由于被测体的问题还是测试用例的问题。如果是被测体的问题，则应提出缺陷报告。如果是测试用例的问题，将其记录为测试类型的缺陷，便于对测试用例进行修改。测试日志表将被版本化并上传到适当的版本控制库。

在功能和相关测试用例被认为完成时，所有软件工作产品将被合并到主线。在进行此类合并之前，功能团队必须验证其专用功能测试成功通过，包括确定的相关回归测试。合并后，必须再次运行上述所有测试用例。

测试和开发团队之间的交互：当测试或开发团队认为需要沟通时，可以启动沟通过程，可以在适当的情况下召开线下会议或线上网络会议。功能的开发和测试负责人应该在需要时开启沟通过程。

测试开发的跟踪和报告：测试负责人负责跟踪测试创建、测试准备、测试执行和与测试相关的缺陷报告和问题调查等。此外，测试负责人负责呈现测试域的状态。每周召开一次会议，报告活动情况并讨论问题。测试负责人用议程召集这些会议，编写会议记录，并将它们存储在适当的项目文件夹中。会议记录包括任务和分配。会议的参与者是测试人员。

### 6．测试工具及硬件

计划文档的第 6 节是对团队用于测试的工具和硬件的描述。软件测试环境包括：

- 一个或多个被测体模块。
- 必要的网络设备，如以太网交换机、路由器等。
- 开发人员工作站充当测试系统终端节点。

### 7．测试活动及其责任人

计划文档的第 7 节包含组织角色及其职责。测试任务将在项目中固定，意味着人员将被分配到合适的位置。测试活动及其责任人如表 3-10 所示。

表 3-10　测试活动及其责任人

| 测试活动 | 责任人 |
| --- | --- |
| 测试计划 | 测试组长 |
| 由于新功能的需要而更新回归测试套件 | 测试工程师 |
| 由于基线项目的合并而更新回归测试套件 | 测试工程师 |
| 验证新功能的正确功能 | 测试工程师 |

续表

| 测 试 活 动 | 责 任 人 |
|---|---|
| 确保回归测试套件的完整性 | 测试工程师 |
| 创建一个STS，每个功能至少一个 | 测试工程师 |
| 在接近已实现功能的区域确定回归测试用例 | 测试工程师 |
| 决定设计、开发和运行测试用例 | 测试工程师 |
| 审查测试可交付成果：STS、测试用例、脚本、工具、指南 | 测试工程师、测试组长、其他合适人员 |
| 将测试可交付成果合并/复制到主线 | 配置管理员 |
| 合并到主线后验证测试用例的正确功能 | 测试工程师 |
| 运行回归测试套件 | 测试工程师 |
| 更新测试日志表 | 测试工程师/测试组长 |
| 分析失败的测试用例 | 发现失效的人或者其他合适人员 |
| 修复失败的测试用例 | 测试工程师 |
| 配置管理工作 | 配置管理员为主，测试工程师为辅 |

## 3.2 内容可以大于形式的评审

同行评审可以发现60%的缺陷。

—— Victor Basili 和 Barry Boehm《关于减少软件缺陷的十大结论》

有人说评审是形式大于内容/效果，是管理层写在项目计划书里的，只是走个过场。其实如果团队认真开展评审，效果是可以远大于形式的。评审是通过深入阅读和理解被检查产品的一种人工分析方式，多用于软件开发周期早期，例如项目计划和需求分析阶段。评审的关注点依赖于已达成一致的评审目标，例如发现缺陷、增加理解、培训参与者（如测试员和团队新成员），或对讨论和决定达成共识等。

评审有许多好处，包括覆盖率较高，但增加项目的成本和时间；提高有效性，可降低测试和开发的成本；具有可预测性，动态测试很难预测和管理；实现缺陷预防；达到培训目的。

评审类型是多样化的，从非正式评审到正式评审。非正式评审的特点是既不遵守既定的过程，也没有正式的文档化输出。正式评审的特点是团队参与、文档化评审结果以及开展评审的文档化过程。评审过程的正式程度与软件开发生命周期模型、开发过程的成熟度、需评审的软件工作产品的复杂性、任何法律或法规要求和/或审计跟踪等因素有关。

单个工作产品可能会经过多种评审类型的评审。如果使用多种类型的评审,则评审顺序可能不同。例如,可能在技术评审之前进行非正式评审,以保证工作产品为技术评审做好准备。上述的评审类型可以用作同行评审,即由组织级别大致相似的同事实施。

## 3.2.1 正式评审过程

一个典型的正式评审过程由计划、评审启动会、独立评审、事件交流和分析、修正和报告、跟踪等主要阶段构成。

### 1. 计划

定义评审范围,包括评审的目的、需评审的文档及需评估的质量特性。估算评审工作量并制定时间表。确定评审类型,识别评审角色、活动,制定检查表,选择参与评审的人员并分配角色。针对较正式的评审类型制定入口和出口准则,核对出口准则是否已满足要求。

### 2. 评审启动会

召开评审启动会,分发评审的工作产品和其他材料,如事件日志表、检查表和相关工作产品。向评审参与者解释评审的范围、目标、过程、角色和工作产品。

### 3. 独立评审

评审参与者评审全部或部分工作产品,记录可能的缺陷、建议和问题。

### 4. 事件交流和分析

在评审会议上,评审参与者交流已识别的潜在缺陷,分析潜在缺陷并为这些缺陷分派责任人和状态。根据出口准则评估评审发现、评估和记录质量特性,以确定评审结论。评审结论包括拒绝、需重大变更、接受但可能需要小修改等情况。

### 5. 修正和报告

为在工作产品评审中发现的缺陷编写缺陷报告;责任人修正缺陷;当工作产

品中的缺陷关联到被评审的工作产品时，与相关人员或团队交流缺陷；记录缺陷更新的状态；收集度量数据，核对出口准则是否达到要求，若达到要求，则接受满足出口准则的工作产品。

6. 跟踪

检验缺陷是否被处理，收集相关度量指标及检查是否满足退出标准。

## 3.2.2 评审角色和职责

在有些评审类型中，一个人可能扮演多个角色，并且每个角色分工也可能因评审类型而异。典型的正式评审主要有下面几种角色。

1. 作者

作者创建被评审的工作产品并负责修复工作产品评审过程中发现的缺陷。

2. 管理者

负责制订评审计划；决定是否需要评审；分派人员、预算和时间；监督评审的成本-效益；当产出不充分时，执行控制决策。

3. 评审会主持人

当召开评审会时，主持人要保证评审会议的有效进行，需要在评审的不同观点之间协调。主持人通常是评审成功与否的关键人物。

4. 评审组长

全面负责评审，决定哪些人员参加评审，并组织何时何地进行评审。

5. 评审员

可能是专题相关专家、项目工作人员、对工作产品感兴趣的干系人，和/或具有特定技术或业务背景的人员，在评审中识别工作产品中的潜在缺陷，可能代表测试员、程序员、用户、操作员、业务分析师、易用性专家等不同的角色。

6. 记录员

在独立评审活动期间，收集发现的潜在缺陷；当评审会议召开时，记录评审会议中新发现的潜在缺陷、未解决的问题和决策。随着支持评审过程工具的出现，特别是缺陷、未解决问题和决策记录，通常都不需要记录员了。

对于不同工作产品的评审，建议参与评审的人员也应不同。例如，需求规格说明、测试计划、测试设计规格说明、测试用例规格说明和测试报告是与测试活动密切相关的 5 个文档，参与评审的人员应有所不同。某项目中与测试紧密相关的 5 个文档的建议评审员如表 3-11 所示。

表 3-11　某项目中与测试紧密相关的 5 个文档的建议评审员

| 文档名称 | 作者 | 评审员 |
| --- | --- | --- |
| 需求规格说明 | 系统人员 | 产品经理、产品架构师、功能架构师、测试经理、测试分析员和测试技术分析员 |
| 测试计划 | 测试经理 | 功能开发经理、产品架构师、功能架构师和测试分析员 |
| 测试设计规格说明 | 测试分析员 | 功能架构师、功能开发经理、测试技术分析员和其他测试人员 |
| 测试用例规格说明 | 测试技术分析员 | 功能开发经理、功能测试人员和测试分析员 |
| 测试报告 | 测试经理 | 功能开发经理、测试人员和项目经理 |

以需求规格说明的评审为例，需要理解评审员的选定规则。需求分析是软件计划阶段的重要活动，是将用户非形式的需求表述转化为完整的需求定义，从而确定系统必须做什么的过程。产品经理负责前期市场调查、产品研发、产品上市和市场推广，直到产品生命周期结束的全过程。产品经理需要确认需求规格说明是否准确理解用户和项目的功能、性能、可靠性等具体要求；同时，需要通过需求规格说明书理解产品、把握产品特性，为产品上市和推广做准备工作。需求分析活动的成果将会作为下一阶段的输入，即需求规格说明书是产品总体设计（概要设计）的基础，产品架构师、功能架构师在参与评审的过程中加深对产品功能的理解，进而开展设计工作。需求规格说明是确认测试和验收的重要依据，测试相关人员需要据此了解产品的功能要求和性能指标，制订测试计划及采用的测试技术。因此，需求分析阶段的成果——需求规格说明的评审，涉及整个项目的管理、设计和测试人员。

参与评审的人员使用检查列表从不同的角度审查文档，能使评审更加有效和高效，如一个基于用户、维护人员、测试人员或者业务运营视角的检查列表，或者一个典型的需求问题检查列表。

### 3.2.3　评审类型

评审的主要目的之一是发现缺陷。常见的评审类型有非正式评审、走查、技术评审和审查等 4 种。所有评审类型都可以帮助检测缺陷，所选的评审类型应基于项目需求、可用资源、产品类型和风险、业务领域和公司文化，以及其他选择准则。

### 1. 非正式评审

非正式评审不基于正式的过程，可通过伙伴检查、结对评审等非正式方式进行，过程中可能产生新的想法或解决方案。非正式评审的主要目的是检测潜在缺陷。在非正式评审类型中，可能不包含评审会议。非正式评审方式在敏捷开发中普遍使用。

### 2. 走查

在走查类型的评审中，评审会议通常由工作产品的作者主持，会议必须指定记录员，会议前的个人准备及检查表是可选的，可能采用场景、演练或模拟的形式开展会议。会后可能会生成潜在的缺陷日志和评审报告。走查的主要目的是发现缺陷、改进软件产品、考虑替代实施、评估与标准和规范的符合程度。在走查过程中，可交换关于技术或风格变化的想法，可对参与者进行培训。

### 3. 技术评审

技术评审类型中，评审会议是可选的，最好由经过培训的、非作者的主持人主持，评审员应该是作者的同行、或其他学科技术专家，需要在评审会议之前进行个人准备，并指定记录员，但检查表不是必需的。

技术评审的作用是获得共识、发现潜在缺陷，以达到评估质量和建立对工作产品的信心、产生新想法、激励和使作者能够改进未来的工作产品、考虑替代实施等目的。

技术评审工具 FTR 如图 3-4 所示。利用这一技术评审电子流程，研发人员可以很方便地进行技术评审，并能够自动采集评审过程数据、生成评审意见等。

### 4. 审查

审查是一种遵循已定义的过程、规则和检查表正式地记录输出的评审过程。审查使用明确定义的角色（参照 3.2.2 节中规定的角色），评审参与者是作者的同行或与工作产品相关的其他学科专家，作者不能担任评审组长或记录员，各参与人需要在评审会议之前进行个人准备。会上，必须指定记录员，评审会议由经过培训的主持人（不是作者）引导，评审使用已规定的入口和出口准则，通常评审会后生成潜在的缺陷记录和评审报告。

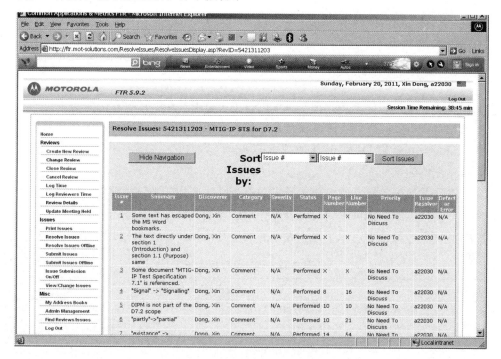

图 3-4　技术评审工具 FTR

审查形式的评审，其主要目的是检测潜在缺陷，评估质量并建立对软件工作产品的信心，通过学习和根本原因分析并防止未来出现类似缺陷，进而达到激励和使作者能够改进未来的工作产品和软件开发过程、达成共识的目标。

## 3.2.4　评审技术

评审中发现的缺陷类型是变化的，取决于被评审的工作产品。在不同工作产品的评审中可以找到不同类型的缺陷，如需求缺陷、设计缺陷、代码缺陷、与标准的偏差、错误的接口说明、安全漏洞、维护性缺陷等。在独立评审活动期间可以应用许多评审技术来发现缺陷。评审技术可用于上述评审类型。评审技术的有效性可能因所使用的评审类型而异。下面介绍不同独立评审技术的应用。

### 1. 临时评审

临时评审是一种常用的技术，几乎不需要准备。在临时评审中，评审员很少或根本没有得到指导如何执行此任务。评审员经常按顺序阅读工作产品，在遇到问题时识别并记录事件。

临时评审技术高度依赖于评审员的技能，可能导致不同评审员重复报告同样的缺陷。

### 2．基于检查表的评审

基于检查表的评审是一种系统性的技术，评审员基于评审开始时由主持人分发的检查表来发现事件。评审检查表包含一组基于潜在缺陷的问题（这些问题可能来自经验）。检查表应特定于所评审的工作产品类型，并应定期维护以涵盖以前评审中遗漏的事件类型。

基于检查表的评审的主要优点是对典型缺陷类型的系统的覆盖。但应注意不要简单地按照独立评审中的检查表进行，还要寻找检查表之外的缺陷。

代码评审检查表可基于以下 6 个方面进行设计，如表 3-12 所示。

表 3-12 代码评审检查表

| 评审项 | 评审检查表设计时需要考虑的内容 |
| --- | --- |
| 结构 | 代码是否完整地、正确地实现了设计；<br>代码是否符合相关的编码标准；<br>代码是否结构合理、风格统一、格式一致；<br>是否有未调用或不需要的程序或不能到达的代码；<br>代码中是否有桩函数或测试程序；<br>是否有能被替换成通过调用外部可重用组件或库函数的任何代码；<br>是否有重复的代码块；<br>存储使用是否有效；<br>是否使用有意义的符号而不是"幻数"常量或字符串常量；<br>是否有任何模块过于复杂，且应重组或分割成多个模块 |
| 文档 | 代码是否以易于维护的注释风格、清楚且充分的文档化；<br>所有注释与代码是否是一致的；<br>文档是否符合适用标准 |
| 变量 | 所有变量是否都以有意义的、一致的、清晰的命名来恰当地定义；<br>是否有任何多余或未使用的变量 |
| 数值运算 | 代码是否避免了比较浮点数的异同；<br>代码是否系统化地防止舍入误差；<br>代码是否避免了对有巨大数量级差别的数字进行加法和减法；<br>除数是否测试了零或噪声 |

续表

| 评 审 项 | 评审检查表设计时需要考虑的内容 |
|---|---|
| 循环和分支 | 所有循环、分支和逻辑结构是否完整、正确和恰当地嵌套;<br>是否先测试 IF-ELSE-IF 链中最常见的情况;<br>是否涵盖了 IF-ELSE-IF 或 CASE 块中所有的情况,包括 ELSE 或 DEFAULT 语句;<br>是否所有 CASE 语句都有默认项;<br>循环终止条件是否明显且总是能达到;<br>索引或下标是否在循环之前恰当地初始化了;<br>循环中的语句是否可以置于循环体外;<br>循环中的代码是否避免了索引变量在退出循环后继续操作或使用 |
| 防错性程序设计 | 所有索引、指针和下标是否参照数组、记录或文件范围进行了测试;<br>是否所有导入的数据和输入的变量都测试过有效性和完整性;<br>所有输出变量是否都赋值了;<br>每个语句中是否都在对正确的数据元素进行操作;<br>每个内存分配是否得到了释放;<br>外部设备访问是否用了访问超时或错误捕捉;<br>在试图访问文件时检查文件是否存在;<br>所有文件和设备在程序终止后是否保留在正确的状态 |

**3．场景和演练的评审**

在基于场景的评审中,将为评审员提供有关如何通读工作产品的结构化指南。基于场景的方法支持评审员基于工作产品的预期使用,对工作产品开展"演练"。

与简单的检查表条目相比,这些场景为评审员提供了有关如何识别特定缺陷类型的更好指导。与基于检查表的评审一样,为避免错过其他缺陷类型,评审员不应受限于文档化的场景。

**4．基于角色的评审**

基于角色的评审技术,评审员可以从独立干系人角色的角度评估工作产品。典型角色包括特定的最终用户类型(有经验、没有经验、老人、小孩等)以及组织中的特定角色(用户管理员、系统管理员、性能测试员等)。

**5．基于视角的评审**

基于阅读视角的文档评审技术,类似于基于角色的评审,评审员在独立评审中采用不同的干系人观点。典型的干系人包括最终用户、市场人员、设计人员、测试员或操作员。使用不同的干系人视角可以更加深入地进行独立评审，同时减少所有评审员的事件重复。在基于阅读视角的文档评审中，期望使用检查表。

此外，基于阅读视角的文档评审还要求评审员尝试使用被评审的工作产品来生成他们所需要的衍生产品。例如，如果对需求规格开展基于阅读视角的文档评审以查看是否包含所有必要信息，则测试员将会尝试生成草拟的验收测试。

经验研究表明，基于阅读视角的文档评审是评审需求和技术工作产品最常用的技术。成功的关键因素是基于风险适当地包括和权衡不同的干系人观点。

### 3.2.5 支持评审的工具

利用评审工具的电子流程，研发人员可以很方便地进行技术评审，并能够自动采集评审过程数据、生成评审意见等。下面介绍几款优秀的评审工具。

#### 1. Gerrit

Gerrit 是一个 Web 代码评审工具，基于 Git 版本控制系统。Gerrit 旨在提供一个轻量级框架，用于在代码入库之前对每个提交进行审阅。Gerrit 会记录每一次提交的代码修改，但只有它们被审阅和接收后才能合并为项目的一部分。

Gerrit 通过允许任何授权用户将更改提交给主 Git 存储库来简化基于 Git 的项目维护，而不是要求所有已批准的更改由项目维护者手动合并，在一定程度上提高了项目更新的灵活度，减轻了项目维护管理者的负担。

#### 2. Review Assistant

Review Assistant 是 Visual Studio 的代码审查插件，可用于创建审阅请求，并在不离开 Visual Studio 的情况下对其进行响应。Review Assistant 支持 TFS、Subversion、Git 和 Perforce。

#### 3. CodeStriker

CodeStriker 是一款支持在线代码审查的开源 Web 应用程序；支持传统的文档审查，以及查看 SCM（源代码管理）系统和普通单向补丁生成的差异；可与 CVS、Subversion、Clearcase、Perforce、Visual SourceSafe 和 Bugzilla 集成；拥有一个用于支持其他 SCM 和发布跟踪系统的插件架构；不但允许开发人员将问题、意见和决定记录在数据库中，还为实际执行代码审查提供一个舒适的工作区域。

4．Code Review Tool

Code Review Tool（代码审查工具）允许团队成员以简单有效的方式协调检查代码，从而消除与常规正式代码检查相关的大部分开销；提供了正式代码检查的所有好处，与正式的代码检查相比，需要相对少的精力和时间；支持正式和轻量级两种代码审查流程。

5．Peer Review Plugin

Peer Review Plugin 是同行评审插件，目标是消除耗时的代码审查会议，让开发人员能够在自己的时间内在用户友好的基于 Web 的环境中查看代码；主要是用 Python 编写的；与 Subversion 无缝集成，允许用户浏览可查看文件的存储库；使用了 Genshi 作为 Web 端的脚本语言，与 Java Script 和 AJAX 一起构建了良好的用户体验。

## 3.2.6　评审成功的因素

为了获得成功的评审，必须考虑适当的评审类型和使用的技术。此外，还有许多其他因素会影响评审结果，包括来自组织层面的因素和与人相关的因素。

组织层面上，每次评审都应有明确的目标，在评审计划中明确定义，并将其作为可度量的出口准则；应用的评审类型应适用于要实现的目标，适用于软件工作产品的类型、级别以及参与者；所使用的任何评审技术要适用于在被评审的工作产品中进行有效的缺陷识别；使用的任何检查表要处理主要风险；大型文档以小块形式编写和评审，从而通过向作者提供早期和频繁的缺陷反馈来实施质量控制；参与者应有足够的时间来准备。

与人相关的因素包括：合适的人员参与以满足评审目标，例如，具有不同技能或观点的人员，他们可能将文档用作工作输入；测试员参加评审不但有利于提高评审质量，还可以通过评审了解产品，便于其尽早准备更有效的测试；评审应分成小块任务进行，以便评审员在独立评审和/或评审会议期间不会失去注意力；评审应该在信任的氛围中进行，结果不会用于评估参与者，对发现的缺陷持欢迎态度，并客观地处理缺陷；管理好评审会议，使参与者感受到这是对他们时间的宝贵利用，参与者避免使用可能表示对其他参与者感到无聊、恼怒或敌意的肢体语言和行为；对于审查等较正式的评审类型，提供充分的培训。

在项目实践过程中，保证评审的成功和质量还应该执行适当频率的复审。复审的执行通常关注以下要点：

（1）复审活动人数控制在 3～7 人，每次复审活动不要超过 2h，否则应该进行功能分解或者形式分解。准备充分的复审应在 1h 内完成。

（2）依据复审领导对项目组工作进展状况的掌握程度来确定两次复审之间的时间间隔。大多数情况下，这个时间是 2～4 个星期。

（3）记录员的首要职责是为确保复审报告的准确性提供信息。最好使用活动挂图、投影等方式使得记录员的即时记录信息能被大家同时看到。

（4）复审领导应该有一些技术素质，至少应该精通开发的过程、使用的开发工具、现代的软件方法，特别应该了解复审活动在整个开发过程中的位置。

（5）要尽早分发复审报告。让作者决定他们的产品接受复审的时间。

## 3.3 软件策划实践

### 3.3.1 工作分解和进度安排

软件项目正式启动后，项目团队先明确软件需求，再根据可用信息开始策划，项目负责人领导项目策划，最终制订合理的软件开发计划。在策划阶段，项目负责人首先召集软件质量工程师和系统软件工程师开会，根据项目特点选择合适的生命周期模型；其次，根据需求制定顶层工作分解结构（Work Breakdown Structure，WBS）以支持估算。WBS 将项目工作项分解为可跟踪可控制的子项。项目组根据项目定义的过程和项目工作范围，搜索可比较的历史数据设置 WBS。这项工作可能需要软件质量工程师（SQE）的支持。接着与核心团队合作，确定可重用的组件。项目负责人与项目核心团队或外部专家一起使用宽带德尔菲方法（Wide Band Delphi）或其他合适的估计方法估计软件的大小和复杂性，确保足够详细地识别工作包，如图 3-5 所示。另外，宽带德尔菲方法可能会经历多次迭代过程，直至核心团队或专家的估算结果趋近于某个数值。当没有可作为基准的历史数据时，可以参考 COCOMO II 估算指南作为参考估算开发工作量、记录估算结果，以及假设和估算的依据。

在通常情况下，项目负责人应制订项目计划，确保创建以下文档：

- 软件项目管理计划（SPMP），一般由项目负责人负责编写。
- 软件配置管理计划（SCMP），一般由配置经理负责编写。
- 软件测试计划（STP），一般由系统软件测试工程师负责编写。

- 软件质量保证计划（SQAP），一般由软件质量工程师负责编写。

| Tasks | Sub items | | Agreed (SD) | Fisher | Weiber | Carolyn | Differences | Weight |
|---|---|---|---|---|---|---|---|---|
| Warmup & training | Training | | 7 | 8 | 6 | 7 | 14.29% | 7.00 |
| | Environment setup | | 3.8 | 4 | 4 | 3 | 18.18% | 3.80 |
| | Domain building | | 8.8 | 10 | 8 | 8 | 15.38% | 8.80 |
| Requirement phase | Plan(Milesotne1 Aug. 9) | SPMP, SCMP, SQAP | 4.8 | 5 | 4 | 6 | 20.00% | 4.80 |
| | | Test Plan | 3 | 2.5 | 3.5 | 3 | 16.67% | 3.00 |
| | | Schedule | 2.8 | 2.5 | 3 | 3 | 11.76% | 2.80 |
| | | Risk Identify | 2.6 | 2 | 3 | 3 | 25.00% | 2.60 |
| | Requirement collection | | 6.4 | 8 | 5 | 6 | 26.32% | 6.40 |
| | SRS(M2 Aug 17) | Development | 9.6 | 10 | 8 | 12 | 20.00% | 9.60 |
| | | FTR | 3.4 | 4 | 3 | 3 | 20.00% | 3.40 |
| Design phase | High level design (M3 Aug 31) | document | 8.8 | 7 | 10 | 10 | 22.22% | 8.80 |
| | | FTR | 2.5 | 3 | 2 | 2.5 | 20.00% | 2.50 |
| | Phototyping/Low level Design | Basic function(read/write) | 6.4 | 5 | 8 | 6 | 26.32% | 6.40 |
| | | authentication process (M4 Sep11) | 8.4 | 7 | 10 | 8 | 20.00% | 8.40 |
| | | Counter/RID/exception | 6.2 | 5 | 8 | 5 | 33.33% | 6.20 |
| | | GUI/Upgrade | 5.2 | 5 | 6 | 4 | 20.00% | 5.20 |
| | | authentication for login, upgrade (M5 Sep 21) | 6.4 | 5 | 8 | 6 | 26.32% | 6.40 |
| | | Utility tools | 11.6 | 14 | 10 | 10 | 23.53% | 11.60 |
| | | CA-server/Database(M6 Sep 28) | 6.6 | 5 | 8 | 7 | 25.00% | 6.60 |
| Coding(M7 Oct 12) | coding | | 7.8 | 8 | 8 | 7 | 8.70% | 7.80 |
| | Code | | 2.2 | 2 | 2 | 3 | 28.57% | 2.20 |
| UT(M8 Oct 17) | UT case | | 3.6 | 3 | 4 | 4 | 18.18% | 3.60 |
| | UT case | | 1.5 | 2 | 1 | 1.5 | 33.33% | 1.50 |
| | UT execution | | 2.6 | 2 | 2 | 3 | 25.00% | 2.60 |
| IT(M9 Oct 23) | IT case development | | 4 | 4 | 4 | 4 | 0.00% | 4.00 |
| | IT case review | | 2.2 | 2 | 2 | 3 | 28.57% | 2.20 |
| | IT execution | | 2.1 | 2 | 2 | 2.5 | 15.38% | 2.10 |
| ST(M10 Oct 30) | ST case | | 3.6 | 3 | 4 | 4 | 18.18% | 3.60 |
| | ST case review | | 2 | 2 | 2 | 2 | 0.00% | 2.00 |
| | ST execution | | 2.6 | 3 | 2 | 3 | 25.00% | 2.60 |
| Misc | | | 4.2 | 4 | 4 | 5 | 15.38% | 4.20 |
| Total | | | 152.7 | 150 | 154.5 | 154.5 | 1.96% | 153 |

图 3-5　某项目 WBS 示意图及工作包估算表截图

项目负责人还需要负责以下事项：

- 识别项目的假设、依赖和约束。
- 确定项目的所有可交付成果和相关的交付里程碑。
- 定义重新规划的标准。
- 根据组织过程资产确定项目过程模型并选择子过程。
- 识别内部和外部利益相关者及其在软件开发中的参与程度。
- 估算关键资源，包括人员配备、硬件和软件。资源请求往往需要管理层的支持。
- 根据估计、过去的经验、关键的依赖关系/约束和选定的生命周期模型制订计划。时间表应指定强制的里程碑审查日期。某项目的甘特图如图 3-6 所示。
- 与项目核心团队和外部专家一起使用头脑风暴或其他合适的方法来识别项目风险。首先使用小册子登记、分析和优先考虑风险，然后制订风险缓解计划。
- 确定培训需求并计划项目必要的培训，善用组织培训资产和合作伙伴/客户的培训资产。

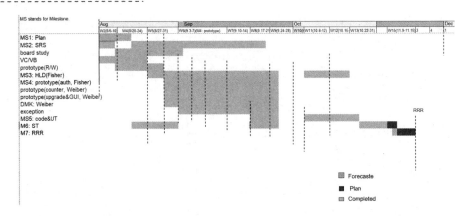

图 3-6　某项目的甘特图

● 定义项目跟踪机制（频率、会议目的、责任等），还应考虑客户跟踪机制。
● 计划数据的收集和维护（可以是管理数据、数据内容和格式描述的主列表）。
● 识别分配给项目的关键产品质量属性，在项目执行期间应进行跟踪。
● 与质量工程师一起计划项目质量保证活动（评审、缺陷预防和准备评审等），并使用合适的指标和目标进行量化项目管理，确保指标收集和分析的机制得到设计和记录，并且可以实施。
● 与配置工程师一起识别配置项并计划配置管理活动。
● 与技术主管合作，指定设计和测试方法。
● 考虑并记录软件发布活动后的产品维护计划。
● 记录工作量估算结果、安排活动、分配资源、制定基线等。

项目负责人应获得对计划的承诺，包括：
● 确保使用检查表清单对项目计划进行评审。
● 获得客户对项目计划的要求和重要部分（如里程碑、依赖关系、风险、验收标准、工具要求）的批准，以确保与客户之间作出的技术和管理承诺得到同意。如果没有达成一致，则项目负责人应上报管理层。
● 获得业务经理对项目计划的批准。
● 确保项目计划的基线。
● 如有必要，则为项目计划（结合需求收集阶段）召开经验教训总结会议。

### 3.3.2　改进型工作分解和进度安排

为了使项目变得更小、更易管理、更易操作，往往会将一个项目分解为更多的工作细目或者子项目。工作分解结果常常以工作分解结构（WBS）的方式组织。

创建 WBS 的过程就是将目标细化落实，将产品逐级分解，将工作化繁为简的过程，是产品范围分解与工作范围分解融合进行的过程。

组织结构图（图表）形式、提纲（清单）式和 WBS 字典是 WBS 的常见形式。在此，针对自动成图系统的全部工作范围，以可交付成果为导向对所有组织和定义项目范围的元素进行逻辑分组与层级分解。依据软件开发生命周期阶段，对自动成图系统的 3 个产品阶段建立组织结构表，如表 3-13 所示。

表 3-13 自动成图系统 WBS 表

| 一、项目基本情况 | | | | | | | | |
|---|---|---|---|---|---|---|---|---|
| 项目名称 | 自动成图 | | | 项目编号 | T0808 | | | |
| 制作人 | 赵六 | | | 审核人 | 张三 | | | |
| 项目经理 | 张三 | | | 制作日期 | 2021-3-5 | | | |
| 二、工作分解结构（R－负责；AS－辅助；I－通知；AP－审批） | | | | | | | | |
| 分解代码 | 任务名称 | 包含活动 | 张三 | 李四 | 王五 | 赵六 | 吴丹 | 刘峰 | 张芳 |
| 1.1 | 项目总体规划 | 项目总体规划 | AP | R | I | I | I | I | I |
| 2.1 | 业务需求分析 | 需求获取 | I | AP | R | I | I | I | I |
| 2.2 | | 需求分析 | I | AP | R | I | I | I | I |
| 2.3 | | 需求规格说明 | I | AP | R | I | I | I | I |
| 3.1 | 原型系统分析 | 原型系统分析 | I | AP | R | I | R | I | I |
| 4.1 | 项目第1阶段规划 | 项目第1阶段规划 | AP | R | I | I | I | I | I |
| 5.1 | 产品阶段1设计 | 架构设计 | I | AP | AS | R | I | I | I |
| 5.2 | | 界面设计 | I | AP | AS | R | I | I | I |
| 5.3 | | 数据库设计 | I | AP | R | I | I | I | I |
| 5.4 | | 模块设计 | I | AP | R | I | I | I | I |
| 5.5 | | 设计评审 | I | AP | I | I | I | I | I |
| 6.1 | 产品阶段1开发 | 编码 | I | AP | I | R | R | R | I |
| 6.2 | | 组件测试 | I | AP | I | R | R | R | I |
| 7.1 | 集成测试 | 阶段1产品集成 | I | AP | I | AS | AS | AS | R |
| 8.1 | 项目第2阶段规划、设计、开发 | 项目第2阶段规划、设计、开发 | AP | R、AP | R | R | R | R | I |
| 9.1 | 集成测试 | 阶段1、2产品集成 | I | AP | I | AS | AS | AS | R |
| 10.1 | 项目第3阶段规划、设计、开发 | 项目第3阶段规划、设计、开发 | AP | R、AP | R | R | R | R | I |
| 11.1 | 集成测试 | 阶段1、2、3产品集成 | I | AP | I | AS | AS | AS | R |
| 12.1 | 确认测试 | 产品确认测试 | I | AP | AS | AS | AS | AS | R |
| 13.1 | 产品提交 | 产品提交 | AP | R | AS | AS | AS | AS | R |

自动成图项目包含 3 个发布阶段，每个发布阶段通过规划、设计、开发、测试等步骤完成各阶段功能的开发任务。自动成图项目发布计划如图 3-7 所示。

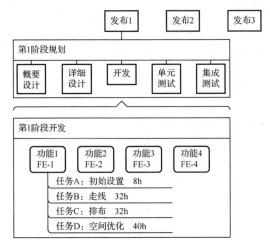

图 3-7 自动成图项目发布计划

依据项目工作分解结构，制定项目进度安排。第 1 阶段产品项目进度表，如表 3-14 所示。

表 3-14 第 1 阶段产品项目进度表

| 一、项目基本情况 | | | |
|---|---|---|---|
| 项目名称 | 自动成图 | 项目编号 | T0808 |
| 制作人 | 赵六 | 审核人 | 张三 |
| 项目经理 | 张三 | 制作日期 | 2021-4-5 |
| 二、项目进度表（产品第1阶段 中日程） | | | |

| 进展状况 | 负责人 | 年/月 | | | | | |
|---|---|---|---|---|---|---|---|
| | | 21/4<br>9 16 28 30 | 21/5<br>6 13 20 27 | 21/6—21/7 | 21/8<br>10 17 24 31 | 21/9<br>7 14 21 28 | 21/10<br>5 12 19 26 |
| 第1阶段规划 | 项目经理 | ↔ | | | | | |
| 原型系统分析、需求分析 | 分析师、设计师 | ↔ | | | | | |
| 设计阶段 | 设计师、开发人员 | | ↔ | | | | |
| 开发阶段 | 开发人员 | | ↔ | | | | |
| ①联络线路 | 开发人员 | | | | ↔ | | |
| ②电源 | 开发人员 | | | | ↔ | | |
| ③排布优化 | 开发人员 | | | | ↔ | ↔ | |
| ④图符 | 开发人员 | | | | | | |
| ⑤多回路 | 开发人员 | | | | | | |
| 组合测试 | 开发人员 | | | | | | ↔ |
| 集成测试 | 测试人员 | | | | | | |

## 3.4 经验教训总结

下面基于一个真实的案例来总结软件项目策划的经验与教训。

项目人员配备情况如表 3-15 所示。

表 3-15 项目人员配备情况

| 项目 | 8月 | 9月 | 10月 | 11月 | 12月 | 总计 |
| --- | --- | --- | --- | --- | --- | --- |
| 计划（人） | 2 | 2 | 2 | 4 | 2 | 12 |
| 实际（人） | 3 | 3.5 | 4.5 | 4 | 2 | 17 |

由表 3-15 可见，项目中不停地有各方面的专家加入，以帮助项目组解决各种疑难问题，因此人员配备增加了近 42%。

产品规模数据如表 3-16 所示。

表 3-16 产品规模数据

| 产品规模数据 | 估计值 | 实际值 |
| --- | --- | --- |
| KAELOC（千行汇编代码） | | |
| 产品发布总 KAELOC | 110.4 | 124.062 |
| 变化 KAELOC（增加+改动+删除） | 31.2 | 44.862 |
| KNCSL（千行未注释的源代码） | | |
| 产品发布总 KNCSL | 9.2 | 12.977 |
| 变化 KNCSL（增加+改动+删除） | 2.6 | 6.377 |

产品发布总 KNCSL（千行未注释的源代码）增加了 41%，变化 KNCSL 实际值是估计值的 245%。

该项目研发阶段发现了 12 个有效缺陷（不包括所有重复的缺陷），如图 3-8 所示。10 个缺陷是真正的缺陷，已修复并处于关闭状态。有 2 个尚未关闭的缺陷。其中，一个是异常操作期间的罕见情况，严重性为次要，找到了一种降低故障率的解决方法；另一个是对话框问题，严重性为轻微，如图 3-9 所示。图中，横坐标为缺陷严重性的分类，纵坐标为缺陷的数量。

该项目的第一个问题是专业领域知识准备不足。软件工程师没有足够的时间来构建领域知识，尤其是硬件密钥相关知识、硬件的培训不系统。项目早期应该更早地进行整体培训。此外，数据手册中的某些命令与实际芯片不兼容导致解决芯片的主要问题花费了大量时间。

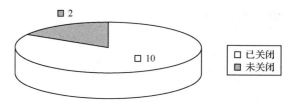

图 3-8  某项目有效缺陷饼图

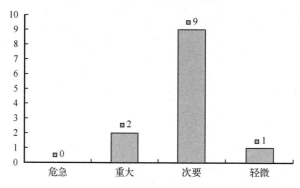

图 3-9  某项目缺陷严重性柱状图

该项目的第二个问题是计划和监控不足。研发团队低估了工作量和产品代码大小，导致日程安排很紧，几乎没有缓冲时间来解决棘手的问题；应该评审 WBS 估算表，从中或许可以更详细地了解客户的想法；当团队开始进行规划、培训和风险评估时，就应该让专家参与进来；项目一开始就应该有一个足够好的发布计划，这样可以在发布之前检查应该做什么；项目跟踪应该更具体并及时更新。

该项目的第三个问题是工作环境。现有的环境无法支持项目团队及时工作。例如，无法很快获得所需的设备；开发安装包需要 InstallShield V10，而团队只有 InstallShield V7。因此，项目团队应该在计划时尽可能地确定依赖关系，在进行资源规划时，应确定所有材料，包括硬件、软件甚至软件版本号等。

该项目的第四个问题是人员经验。项目一开始就应该有专家参与；仔细检查供应商提供的材料，包括示例代码/数据表/工具等。项目步骤应包含 5 步：入口准则→输入→执行→输出→出口准则。另外，团队低估了创建安装包的工作量。事实上，解决安装包问题要花费更多的时间。

当然，该项目也有长处。第一点是人员技术和对工具的敏感度。工欲善其事，必先利其器，团队引入 Winrunner 来做自动化测试，测试效率显著提高；使用

Rational Test Realtime 对 API 函数进行组件测试，代码质量显著提高；引入了随机测试并发现了几个缺陷；使用 Klocwork 进行代码的静态检查，能早期发现代码缺陷。

第二点是正确的流程。在一开始就让本地质量体系工程师（Quality System Engineer，QSE）团队参与到项目中。质量体系工程师帮助团队传达流程及其执行策略，通过分享类似历史项目的经验，团队成员建立并养成了严格遵循流程的敏感性。

第三点是紧密的团队合作。虽然是一支年轻的队伍，但优秀的团队精神让这支队伍迅速成长起来。团队鼓励热烈的讨论，邀请技术专家介绍安全、GUI 和组件测试领域的经验，从专家身上学到了很多东西。虽然项目日程很紧，但团队成员齐心协力，克服了所有困难，最终达到了预定的目的。

## 3.5 本章小结

软硬件相结合的系统更应该注意规避可能出现的陷阱。如 3.4 节所示一个不大的项目工作量突然增加了 40%。项目结束后，项目团队专门召开了经验教训会议，做了该项目的复盘和经验教训总结，希望该项目的教训能对读者有所帮助。

# 第4章
# 软件设计

> 40%～50%软件项目的工作量花在了可以避免的返工上面。
> ——Victor Basili 和 Barry Boehm《关于减少软件缺陷的十大结论》

完善的软件设计可以有效减少返工。系统设计指导开发人员实现满足用户需求的软件产品，是需求与代码之间的桥梁。系统设计分为两个阶段：概要（总体）设计阶段和详细设计阶段。概要设计阶段的重点是软件系统的体系结构设计，详细设计阶段的重点是用户界面设计、数据库设计和模块设计。数据库设计和用户界面设计也常常在概要设计阶段完成。

概要设计阶段的主要任务是分析与设计软件的体系结构。通过系统分解，确定子系统的功能和子系统之间的关系，以及模块功能和模块之间的关系，输出体系结构设计报告。概要设计说明书描述整个系统的体系架构，以及需求用例的各个功能点在架构中的体现，是详细设计阶段的输入参考文档。

详细设计阶段的重点任务是完成用户界面设计、数据库设计和模块设计。

用户界面设计创建软件的用户界面，制作用户界面的资源，如图像、图标或者界面专用组件等，输出用户界面设计报告。用户界面设计一般要经历原型创作—原型评估—细化等步骤。

数据库设计一般要经历逻辑设计—物理设计—安全性设计—优化等步骤。

模块设计指对软件所有模块的主要接口与属性、数据结构和算法的设计。

## 4.1 体系结构设计

体系结构设计遵从需求约束和其他隐含约束。体系结构设计人员从需求文档，如《用户需求说明书》和《软件需求规格说明书》中提取需求约束，包括系统应当遵循的标准或规范，软件、硬件环境（包括运行环境和开发环境）的约束，接口/协议的约束，用户界面的约束和软件质量的约束等。有一些假设或依赖并没有在需求文档中明确指出，但可能会对系统设计产生影响，例如对用户计算机技能的一些假设或依赖，对支撑本系统的软件、硬件的假设或依赖等。

软件的体系结构设计流程包括设计准备、确定影响系统设计的约束因素、确定设计策略、系统分解与设计、撰写体系结构设计文档和体系结构设计评审等。

## 4.1.1 系统逻辑架构设计

系统的逻辑架构是对整个系统从实现角度分层，把系统分成若干个逻辑单元，分别实现功能。逻辑架构关注的是功能，不仅包含用户直接可见的功能，还有系统中隐含的功能。系统逻辑架构设计常常基于表示层、业务逻辑层、数据访问层的经典三层架构，结合系统特点再继续细分。

在此，结合自动成图系统的特点设计系统逻辑架构。自动成图系统是部署在 Web 服务器上的一个自动成图服务。自动成图系统逻辑架构图如图 4-1 所示。用户通过工作台完成与系统的交互操作；逻辑校验层对用户请求数据进行电气设备数据和地理信息数据的数据检查；业务逻辑层综合调控业务逻辑请求，完成业务逻辑处理；数据接口层接收电气设备公共信息模型和地理信息数据，进行数据格式转换；数据源层存储地理接线图原始数据，存储一次接线图自动成图数据。

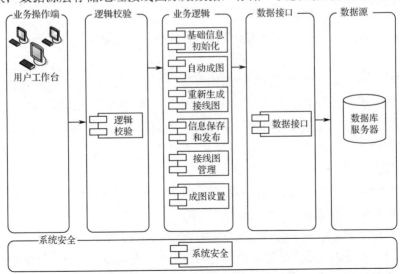

图 4-1　自动成图系统逻辑架构图

## 4.1.2 系统物理架构设计

理论上，系统实现过程只需要考虑逻辑架构和逻辑实现即可，但一个实现后的系统需要部署到实际环境中才能运行。物理架构是部署和运行层次的架构，支撑系统的实际运行和运行管理工作。物理架构设计更关注系统、网络、服务器等基础设施。例如，如何通过服务器部署和配置网络环境，实现应用程序的可伸缩性、高可用性；如何通过服务器之间的数据交换，实现大于 10G 地图数据的快速检索和实时显示；等等。这些问题都是与系统实际运行环境相关的，需要考虑逻辑架构与物理架构之间的映射关系。

在设计物理架构时，通常考虑以下几个方面的因素：

（1）整个系统有多少独立运行节点，分析已有业务系统及待建业务系统，考虑已有或待建的业务系统都在哪些节点上运行。

（2）考虑业务系统之间如何进行通信及如何将业务系统之间的通信转换到节点之间的通信。

（3）业务流程实现是否需要业务流程管理系统。通常一个业务流程管理系统拥有一个独立的服务器引擎，在服务器引擎上可以运行多个业务流程。如果需要跨多个服务器引擎，则需将某一流程定义为一个子流程，同时封装为一个服务，供其他业务流程使用。

（4）在整个物理架构中是否需要一个独立的服务注册中心，并确定服务注册中心与运行节点之间的协作方式。

（5）在整个物理架构中，如何管理运行环境、基础设施及各种服务，是集中管理还是分布管理。

在此，以自动成图系统为例说明物理架构设计需要考虑的因素及设计思路。自动成图系统以 SCADA 系统和 GIS 为基础，SCADA 系统是配电网接线图的实时电气数据源，GIS 则是地理信息数据源。新系统的部署环境已经在 1.2.7 节的"5.实施基础"中介绍过了，在此不再赘述。自动成图系统物理架构图如图 4-2 所示。

下面重点说明自动成图系统是如何通过物理架构设计实现与其他系统进行通信和集成的。自动成图系统与电网模型图形信息、地理背景信息、电网实时信息三种信息应用的集成方式都是总线方式的。

电网模型图形信息应用的总线方式的物理架构设计如图 4-3 所示。电网 GIS 平台因设备异动和数据维护等原因，电网模型发生变动后，发送电网结构变动消息到企业服务总线的消息队列。信息交换总线网关监听企业服务总线上的消息队

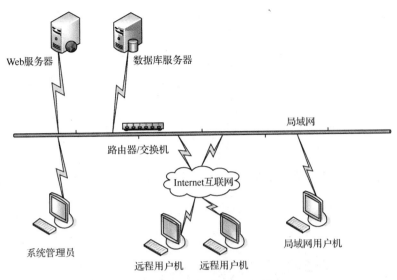

图 4-2　自动成图系统物理架构图

列,接收到消息后转发给对应地市的信息交换总线。消息通过信息交换总线穿透信息安全物理隔离装置,发送给对应地市的配电自动化系统。对应地市配电自动化系统接收到消息以后,向信息交换总线发送服务请求建立连接。服务请求经过信息交换总线网关,调用电网 GIS 平台注册在企业服务总线上的服务。服务完成相应的业务处理后,返回连接令牌。配电自动化系统接收到电网 GIS 平台返回的连接令牌后,根据电网结构变动消息中的内容,判断具体调用单线图/系统图/厂站一次接线图模型图形服务,再次向信息交换总线发送服务请求以获取电网模型图形数据。服务请求经过信息交换总线网关,调用电网 GIS 平台注册在企业服务总线上的电网模型图形数据服务。服务将电网模型图形数据返回至配电自动化系统。获取电网模型图形数据结束后,配电自动化系统调用关闭连接服务,具体过程与调用建立连接服务相同。

地理背景信息应用的总线方式的物理架构设计如图 4-4 所示。自动成图系统通过信息交换总线、企业服务总线从电网 GIS 平台内获取令牌建立连接。自动成图系统获取相关参数设置,如调用图形浏览服务需设置图层和尺寸等信息,调用切片服务则须先获取切片缓存信息。自动成图系统根据信息生成相应 URL(统一资源定位器),直接从电网 GIS 平台获取地理信息数据图片或切片。

电网实时信息应用的总线方式的物理架构设计如图 4-5 所示。各地市配电自动化系统按设定时间间隔以全量或增量方式把最新数据断面打包到消息体中,把消息推送到各地市的信息交换总线上。电网实时消息通过信息交换总线穿透信息安全物理隔离装置,经过信息交换总线网关,发送至企业服务总线上的消息队列。

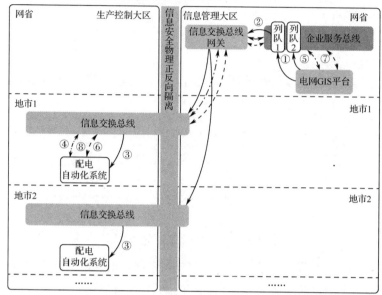

图 4-3 电网模型图形信息应用的总线方式的物理架构设计

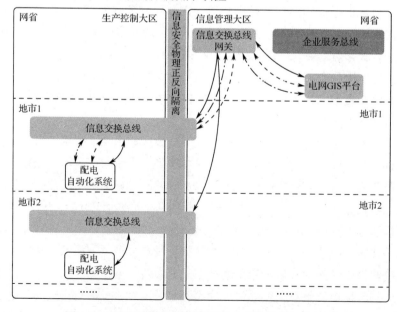

图 4-4 地理背景信息应用的总线方式的物理架构设计

企业服务总线将电网实时数据消息路由至电网 GIS 平台的电网实时数据接收服务，电网 GIS 平台完成相应处理。

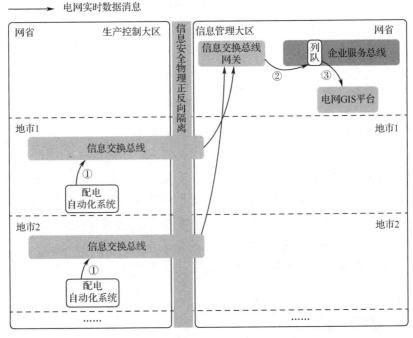

图 4-5　电网实时信息应用的总线方式的物理架构设计

体系结构设计的成果常常以体系结构设计报告呈现。体系结构设计人员从需求文档《用户需求说明书》和《软件需求规格说明书》中提取需求约束，根据产品的需求与发展战略，确定设计策略；将系统分解为若干子系统，绘制物理架构设计图和逻辑架构设计图，说明各子系统的主要功能，说明各子系统如何协调工作，从而实现原系统的功能。此外，还要说明系统开发环境、运行环境和测试环境的配置。

## 4.2　用户界面设计

用户界面设计通常遵循用户需求《软件用户界面设计指南》中的设计原则和建议。用户界面设计一般要经历原型创作—原型评估—细化等步骤。界面原型通常应用于需求获取阶段，帮助用户更好地理解和阐明需求，帮助需求分析员更好地获取和定义需求。对界面原型进行评估，用户不接受、强烈反对的原型被抛弃，用户部分满意、部分修改的原型成为演化式原型。演化式原型是用户界面设计的基础，需对其进行细化。

首先，梳理界面关系，给所有界面视图分配唯一的标识符，绘制各个界面之间的关系图和工作流程图。其次，细化设计每个界面，一般先设计主界面再设计子界面。对于每一个界面，依据界面原型设计视图，说明界面所有对象的功能和操作方式。此外，从美学设计和界面资源设计角度优化界面，包括界面的布局、色彩、图标资源、图像资源和界面组件等。

自动成图系统在需求获取阶段已经构建出主窗口界面原型（参见第2章），并且构建出整体布图效果的原型和站房设备排布原型。在此，进一步细化主窗口界面对象及工作流程。

用户界面设计应遵循用户使用习惯和行业规范。在自动成图系统所在的配电自动化应用领域，针对配电网建设和改造频繁的情况，配电自动化系统采用红黑图机制简化配电网络模型动态变化过程。用黑图、黑拓扑及黑模型反映现实模型；红图、红拓扑及红模型反映未来模型。这就实现了对设备投运、运行、退役全生命周期的管理，有效解决了配电网设备运行和维护问题。

## 4.3 数据库设计

数据库设计包括制定数据库的命名规范、数据库结构设计和运用设计。

数据库的命名规范通常包括表名、字段、字段长度和字段类型等命名和定义规则，如表4-1所示。

表4-1 表名和字段命名规范

| 序号 | 规范类别 | 规范格式 | 示例 |
| --- | --- | --- | --- |
| 1 | 表名的定义 | 系统名_表名（字母全部大写） | 工作计划管理系统中的任务表定义为WORKPLAN_TASK |
| 2 | 表字段的定义 | 表名+字段名称（首字母大写） | 表WORKPLAN_TASK中的字段标识Id定义为TaskId |
| 3 | 表字段长度的定义 | 长度一般为8的整数倍 | VARCHAR的长度可为8、16、24、32、64等 |
| 4 | 表字段类型为日期型的定义 | 一般日期型的字段设为VARCHAR，且长度一般为24（已精确到毫秒） | YYYY-MM-DD HH:MM:SS |

续表

| 序 号 | 规范类别 | 规范格式 | 示 例 |
|---|---|---|---|
| 5 | 公共表名的定义 | COMMON_表名<br>（字母全部大写） | 各个子系统都会用到的公共表，如角色或操作日志表可定义为 COMMON_ROLE，COMMON_OPERATELOG |

## 4.3.1 数据库结构设计

### 1．概念结构设计

数据库的概念结构设计往往以构建概念数据模型的方式实现。概念数据模型是以问题域的语言解释数据模型，反映了用户对共享事物的描述和看法，由一系列应用领域的概念组成。概念数据模型是描述数据的定义、结构和关系等特性的模型，说明了问题域和解系统共享的事物、对共享事物的描述和共享事物之间的关系。

概念数据建模最常用的方法是实体关系图，它反映现实世界中实体、属性和它们之间的关系等的原始数据形式，包括各数据项、记录、系、文卷的标识符、定义、类型、度量单位和值域等。概念数据建模建立数据库的每一幅用户视图。

面向对象分析中的类图也可以建立概念数据模型。面向对象建模中认为任何系统都是能够完成一系列相关目标和任务的对象。

### 2．逻辑结构设计

因为概念数据模型和物理数据模型存在较大的差异，所以在构建解系统时，开发人员要想将概念数据模型直接转换成物理数据模型是存在困难的。逻辑数据模型就是为了缓解这个困难而使用一种中立语言进行的数据模型的描述。它使用倾向于用户的概念和词汇，同时使用更加倾向于解系统语言的表达方式。

概念数据模型和逻辑数据模型往往是在需求分析阶段构建的，数据库的物理结构设计才是在软件设计阶段进行的。

逻辑结构设计说明原始数据进行分解、合并后重新组织起来的数据库全局逻辑结构，包括所确定的关键字和属性、重新确定的记录结构和文卷结构、所建立的各个文卷之间的相互关系、形成数据库的数据库管理员视图。数据库的逻辑结构设计主要是将概念模型转换成一般的关系模式，也就是将实体关系图中的实体、实体的属性和实体之间的联系转化为关系模式。

### 3．物理结构设计

逻辑结构设计完成识别所需的实体和关系、实体规范化等工作。物理结构设计的内容包括选择数据库产品，确定数据库实体属性（字段）、数据类型、长度、精度、DBMS 页面大小等。

物理数据模型是对数据模型的解系统语言的解释，它描述的是共享事物在解系统中的实现形式，是形式化的定义。物理结构设计考虑系统内所使用的每个数据结构中的每个数据项的存储要求、访问方法、存取单位、存取的物理关系（索引、设备、存储区域）、设计考虑和保密条件。

物理结构设计建立系统程序员视图，包括数据在内存中的安排，对索引区、缓冲区的设计；所使用的外存设备及外存空间的组织，索引区、数据块的组织与划分；访问数据的方式方法。

在实际应用中，往往结合实际应用需要确定实体字段的数据类型和长度。在自动成图系统中，各种电气设备 ID 的编码采用线分类法，由三段共 11 位数字码组成。第一段为分类第一级，采用 2 位数字码；第二段为分类第二级，采用 7 位数字码；第三段为分类第三级，采用 2 位数字码，最后形成的分类代码都为等长 11 位，如果无第三级细化，则补零对齐。第二级分类码标识中，属于电网生产管理的一次设备、公共设施、通信设备等类型的分类编码引用《国家电网公司生产管理信息系统设备代码（试行）》规定的设备分类代码方案。自动成图系统的设备字段定义如表 4-2 所示。

表 4-2　自动成图系统的设备字段定义

| 1～2 位 | 分类第一级 | 3～9 位 | 分类第二级 | 10～11 位 | 分类第三级 |
| --- | --- | --- | --- | --- | --- |
| 01 | 发电 | 0000001 | 发电厂 | 00 | |
| 02 | 输电 | 0000001 | 线路 | 01 | 普通线路 |
| | | | | 02 | 分段线路 |
| | | 0101000 | 导线 | 00 | |
| | | 0102000 | 地线 | 00 | |
| | | 0103000 | 杆塔 | 01 | 物理 |
| | | | | 02 | 运行 |
| | | 0201000 | 电缆 | 00 | |
| | | 0202000 | 电缆终端头 | 00 | |
| | | 0203000 | 电缆中间接头 | 00 | |
| | | 0205000 | 电缆接地箱 | 00 | |
| | | 0206000 | 电缆交叉互联箱 | 00 | |

续表

| 1~2位 | 分类第一级 | 3~9位 | 分类第二级 | 10~11位 | 分类第三级 |
|---|---|---|---|---|---|
| 03 | 变电 | 0000001 | 变电站 | 00 | |
| | | 0301000 | 主变压器 | 00 | |
| | | 0303000 | 所用变 | 00 | |
| | | 0304000 | 接地变 | 00 | |
| | | 0311000 | 母线 | 00 | |
| | | 0305000 | 断路器 | 00 | |
| | | 0306000 | 隔离开关 | 00 | |
| | | 0309000 | 熔断器 | 00 | |
| | | 0312000 | 电抗器 | 00 | |
| | | 0313000 | 电流互感器 | 00 | |
| | | 0314000 | 电压互感器 | 00 | |
| | | 0315000 | 组合互感器 | 00 | |
| | | 0316000 | 电力电容器 | 00 | |
| | | 0317000 | 耦合电容器 | 00 | |
| | | 0318000 | 避雷器 | 00 | |
| | | 0330000 | 阻波器 | 00 | |
| | | 0201000 | 电力电缆 | 00 | |
| | | 0202000 | 电缆终端头 | 00 | |
| | | 0203000 | 电缆中间接头 | 00 | |
| | | 0331000 | 结合滤波器 | 00 | |

## 4.3.2 数据库运用设计

### 1. 数据字典设计

对数据库设计中涉及的各种项目，如数据项、记录、系、文卷、模式、子模式等，一般要建立数据字典，以说明它们的标识符、同义名及有关信息。

### 2. 安全保密设计

在数据库的设计中，通过区分不同的访问者、访问类型和数据对象，分配不同的数据安全权限。提高软件系统的安全性应当从管理和设计两方面着手。数据库安全性设计常常从以下几方面考虑：

（1）用户数据库访问安全设计。用户只能用账号登录到应用软件，通过应用软件访问数据库，而没有其他途径操作数据库。

（2）对用户账号的密码进行加密处理，确保在任何地方都不会出现密码的明文。

（3）确定每个角色对数据库表的操作权限，如创建、检索、更新、删除等。每个角色拥有刚好能够完成任务的权限，在应用时再为用户分配角色，即每个用户的权限等于其所具备角色的权限之和。

### 3. 优化设计

分析并优化数据库的"时-空"效率，尽可能地提高处理速度并且降低数据占用空间。分析"时-空"效率的瓶颈，找出优化对象（目标），并确定优先级。当优化对象（目标）之间存在矛盾时，给出折中方案。给出优化的具体措施，例如优化数据库环境参数、对表格进行反规范化处理等。

## 4.4 模块设计

模块设计完成对软件所有模块的主要接口与属性、数据结构和算法的设计。一般要经历接口与属性设计—数据结构与算法设计等步骤，并且通常需要反复迭代。模块设计的粒度，应视问题的复杂性以及所采用的开发工具而定。一般只要确定了每个模块的主要接口、数据结构与算法，能够清楚地指导模块编程即可。

对于一个模块的详细设计，通常包括程序描述、功能、性能、输入项、输出项、算法、流程逻辑、接口、存储分配、限制条件和测试计划等。

（1）程序描述。说明模块设计的意义及特点。

（2）功能。说明程序应该具有的功能，可采用 IPO 图（即输入-处理-输出图）的形式表示。

（3）性能。说明对程序的性能要求，包括对精度、灵活性和时间特性的要求。

（4）输入项。每一个输入项的特性包括名称、标识、数据的类型和格式、数据值的有效范围、输入的形式、数量和频率、输入媒介、输入数据的来源和安全保密条件等。

（5）输出项。每一个输出项的特性包括名称、标识、数据的类型和格式、数据值的有效范围、输出的形式、数量和频率、输出媒介、对输出图形及符号的说明、安全保密条件等。

（6）算法。详细说明程序所选用的算法、具体的计算公式和计算步骤。

（7）流程逻辑。用流程图、判定表等图表加上必要的说明表示程序的逻辑过程。

（8）接口。用模块调用关系图说明程序的上一层模块及下一层模块或子程序，说明参数赋值和调用的方式。

（9）测试计划。说明对本程序进行单体测试的计划，包括对测试的技术要求、输入数据、预期结果、进度安排、人员职责、设备条件驱动程序及桩模块等的规定。

在此，以自动成图系统图形类（航拍图影像图形类）的设计为例，说明功能模块设计的主要内容。

### 1. 主要成员变量

int m_nWidth，图像宽度，单位像素。
int m_nHeight，图像高度，单位像素。
double m_nx，图像左上角的 $X$ 坐标。
double m_ny，图像左上角的 $Y$ 坐标。
int m_nLifeTime，图像生命周期。
int m_nLayerIdx，图像切片所在级别。
int m_nGeoRow，图像切片行号。
int m_nGeoColum，图像切片列号。
BYTE *m_pBuffer，图像像素阵列。
BITMAPINFO *m_pBMI，图像整体信息。

### 2. 主要成员函数

（1）图像绘制自身函数 PaintViewPort()
输入参数：
- const CAMRect& tView，当前视口坐标范围，自动成图系统坐标。
- CDC * pDC，GDI 绘图 CDC 指针。
- double nOutline，导航图缩放比例，为 0 表示绘制系统图，显示航拍图时只有第一级别在航拍图中显示。
- double nZoom，图符缩放系数，由于航拍图显示不涉及图符信息，所以此参数对航拍图显示无效。

输出参数：无。
返回值：无。

函数说明：

- 此函数实现图像对自身的绘制显示，首先把图像左上角坐标转换成屏幕坐标，然后调用 GDI 的 StretchDIBits()函数，把相关参数传给该函数后就可以在自动成图画布中显示该图像。
- 此函数由 CLayer 的 PaintGeoViewPort()函数调用。

（2）图像解析函数 AsignBMPProp()

输入参数：

- Const CString &sBmpFile，包含全路径的图像切片名称。

输出参数：无。

返回值：

- 大于 0 的整型，表示该图像所包含的波段数。
- 等于 0，该图像切片不存在。
- 小于 0，其他原因造成的失败，比如内存不足。

函数说明：

- 此函数根据传入的 PNG 文件名，调用 PNG 文件解析类的 ParsingPngFile()函数，得到该 PNG 图像的详细信息，包括像素阵列、宽度、高度、颜色类型等，然后把相关信息保存在与自身相应的成员变量中。
- 此函数由 CDrawCarrier 的 LoadGeoBmpFiles()函数调用。

## 4.5 设计评审

模块设计人员邀请同行对模块设计文档进行正式技术评审或者非正式技术评审。模块的主要评审要素包括信息隐藏（独立性）、强内聚、低耦合、数据结构及算法的效率等。

对模块算法进行控制流分析是一种有效的静态结构分析和评审方式。这种技术常用于对程序代码执行静态结构分析，是基于代码结构的静态测试技术。通过绘制模块算法的控制流图，能进行控制流分析，获得算法的路径，度量算法的结构复杂性。

## 4.6 软件设计实践

质量管理大师约瑟夫·朱兰（Joseph M. Juran）说过："在制造阶段所产生的

任何缺陷在产品设计阶段都可以直接控制。"所以质量保证的措施首先要集中在设计过程上，目的在于从一开始就避免存在某些缺陷。如果设计能力不足，则所有的改进与控制都无从谈起。研究表明，由设计所引起的质量问题至少占 80%，即至少 80%的质量问题源于劣质的设计，由此可见设计质量的重要性。下面以项目实践来介绍软件设计阶段的缺陷预防和质量改进的一些方法。

### 4.6.1 绿灯会议

因为大多数功能团队更关注如何实现功能而不是如何设计产品，而每个功能（或重大更改）都要经过设计过程，所以需要引入更有效的方法来管理产品的设计。因此在架构或详细设计阶段的早期通过举办绿灯会议，控制整个系统的软件架构和详细设计演变，更早地发现设计中的缺陷，使产品质量有较大的提高。另外，该会议也可以起到教育团队其他成员的作用，缓解不同开发团队之间（功能团队与产品团队）的矛盾。

在软件架构更改中，关注新功能将引入的增量。创建/更新软件架构涉及将这些增量添加到现有软件架构中以提供更完整的软件架构。突出显示更改过程将重点放在尝试实现的新功能上。创建/更新软件架构涉及集成这个新功能以提供整个功能区域（软件系统）的完整、最新的架构。创建/更新软件架构的目标是记录完整的架构。软件架构描述随版本更新。绿灯会议的目的是评审这些突出显示的软件架构更改，以确保这些更改是现有架构的最佳更改，如图 4-6 所示。绿灯会议在架构或设计阶段的时间表中约占 30%。

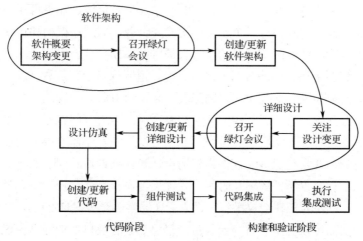

图 4-6　绿灯会议示意图

一方面，架构设计是关于软件系统组织的一组重要决策，涉及架构元素的选择及其组成系统的接口，以及这些元素之间的协作所指定的行为，并将这些结构和行为元素分解为越来越小的子系统。软件架构不仅关注结构和行为，还关注使用、功能、性能、弹性、重用、可理解性、经济和技术约束，以及美学问题等。另一方面，详细设计反映软件架构复杂性分解活动的一个层次，回答了如何（而不是在哪里）实现特定功能的问题。详细设计专注于添加的内容，架构设计专注于整个软件组件；详细设计专注于对原始组件的完全分解，架构设计专注于概要分解。软件概要架构变更的重点是添加到软件实体的新功能。创建/更新软件架构活动关注将架构变更活动中确定的变更合并到整体软件架构中产生的影响。新功能的增量和整体软件架构都很重要。

　　软件功能区域的初始设计需要突出架构更改。对于新功能和缺陷修复，如果为所有设计和实施活动预算的员工工作量少于 80h，则可以不召开架构更改绿灯会议；如果新功能或缺陷修复不影响软件架构，则也可不召开架构更改绿灯会议。如果员工的工作量为 80～160h，那么软件架构设计的绿灯会议可以合并。对于较小的更改，功能所有者可能仍要求举行软件架构绿灯会议。

　　同理，软件组件的初始设计需要突出详细设计更改。对于新功能和缺陷修复，如果为所有设计和实施活动预算的员工工作量少于 80h，则可以省略详细设计绿灯会议；如果新功能或缺陷修复不影响软件详细设计，则也可以省略此会议。如果员工的工作量为 80～160h，那么软件架构和详细设计的绿灯会议可以合并。对于较小的更改，组件所有者可能仍要求举行详细设计绿灯会议。

　　绿灯会议期间的主要角色包括绿灯会议主持人、软件架构设计和详细设计所有者、参与提议变更的开发人员、必要的专家及记录员等。如果可能，建议功能经理也参加。或者还应该有一个设计和架构委员会，即产品架构和详细设计的所有者。如果可能，任何想了解此功能的人都可以参加绿灯会议。

　　绿灯会议要求在正确的时间和地点举行，遵照绿灯会议流程（参见图 4-6）并填写绿灯问题列表和绿灯相关问题列表。会议结束后，开发团队与绿灯会议主持人跟进绿灯问题列表和绿灯相关问题列表项目。当所有问题得到妥善处理并由委员会签署通过时，会议就会收到"绿灯"。会议组织者还需要根据会议角色邀请合适的参与者，并且将绿灯会议作为架构设计和详细设计时间表的一部分，以便考虑准备和举行会议所需的适当时间。软件架构设计和详细设计所有者需要提前提供幻灯片，以便人们在会议举行之前查看（通常应至少提前 24h），并且确保为会议安排的房间可以容纳所有与会人员。建议与会者亲自参加绿灯会议，但可以为绿灯会议设置网络会议和电话会议，以使身处不同地点的人能够参与。绿灯会议报告将被保存。如果确定由于会议期间发现的问题而需要对架构或详细设计进行重大更改,则可能需要举行新的会议。是否举行新的绿灯会议,必须使用工程判断并基于设计委员会的讨论结果。

### 4.6.2 六西格玛设计

六西格玛(6 Sigma)作为当今最先进的质量管理理念和方法之一,在帮助通用电气取得骄人的成绩之后,所受的关注达到了一个新的顶峰。但是人们发现,依靠传统的 DMAIC 改进流程最多只能将质量管理水平提升到大约 5 Sigma 的水平。如果想继续改进质量水平,企业就必须在产品设计的时候就全面考虑客户的需求、原材料的特性、生产工艺的要求及生产人员的素质等各个方面的要素和条件,从而使产品设计达到 6 Sigma 水平,于是六西格玛设计(Design For Six Sigma,DFSS)便应运而生,如图 4-7 所示。

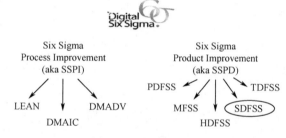

图 4-7 六西格玛结构

六西格玛设计基本上是一种信息驱动的六西格玛管理系统方法,通常应用于产品的早期开发过程,通过强调缩短设计、研发周期和降低新产品开发成本,实现高效能的产品开发过程,准确地反映客户的要求。该系统方法的核心是,在产品的早期开发阶段应用完善的统计工具,从而以大量数据证明预测设计的可实现性和优越性。在产品的早期开发阶段就预测产品或服务在客户处的绩效表现是实现更高客户满意度、更高利润和更大市场占有率的关键。

DFSS 是独立于传统六西格玛 DMAIC 的又一个方法论,以顾客需求为导向,以质量功能展开为纽带,深入分析和展开顾客需求,综合应用系统设计、参数设计、容差设计、实验设计以及普氏矩阵、失效模式与影响分析(Failure Mode and Effects Analysis,FMEA)等设计分析技术,大跨度地提高产品的固有质量,从而更好地满足顾客的需求。

区分 DMAIC 和 DFSS 的方法是通过确定 6 Sigma 行为发生在产品生命周期

的什么阶段及其着重点。DMAIC 强调对现有流程的改进，并不注重产品或流程的初始设计，即针对产品和流程的缺陷采取纠正措施，通过不断改进，使流程趋于完美。但是，通过 DMAIC 对流程的改进是有限的，即使发挥 DMAIC 方法的最大潜力，产品的质量也不会超过设计的固有质量。DMAIC 重视的是改进，对新产品几乎毫无用处，因为新产品需要改进的缺陷还没有出现。DFSS 发生在设计阶段，是六西格玛业务改进方法的另一种实现方式，它是在设计阶段就强调质量，而不是在设计完成之后再通过试错法来提高质量，可节省大量的成本和时间。通过该方式得到的稳固的、内在的质量是其他任何体系都无法达到的，所以 DFSS 比 DMAIC 具有更重要的意义和更大的效益。

六西格玛设计就是按照合理的流程、运用科学的方法准确理解和把握顾客需求，对新产品、新流程进行健壮设计，使产品、流程在低成本下实现六西格玛质量水平；同时，使产品、流程本身具有抵抗各种干扰的能力，即使使用环境恶劣，产品仍能满足顾客的需求。

实施六西格玛设计能给企业带来如下的收益：

（1）产品/服务满足顾客需求，提高本企业产品在市场上的占有率，销售量的增加带来利润的增加。

（2）六西格玛的健壮设计使产品实现了低成本下的高质量，使产品具有了很高的抗干扰能力。

（3）研发产品的周期大大缩短，使产品能及时投放市场，为企业带来新的效益增长点。

（4）六西格玛设计可以帮助企业突破 5 西格玛墙，甚至达到 7 西格玛的质量水平。

六西格玛设计步骤如下：

（1）确立一个有价值的六西格玛设计项目：为将来的活动提供一个坚定、清晰的方向。

（2）聆听顾客的声音：项目确立以后，关键的工作是聆听顾客的声音。

（3）开发概念：立足于既创新又有实现基础，建立各种备选方案。

（4）设计最优化：从收集资料过渡到使用已有信息做决定。

（5）验证最优化的设计：把质量融入设计，而不是反复试验，所以设计必须在验证之前，而不是用验证修正设计。

（6）记录经验：把六西格玛设计中应用的每个工具和方法、每个函数和规则记录下来。

发明问题解决理论（TRIZ）是六西格玛设计的方法论之一，是一种系统化的发明工程方法论。它帮助研发人员通过系统的、规则的方法解决创新过程中的种种问题。TRIZ认为，大量发明和创新面临的基本问题和矛盾（在TRIZ中称为系统冲突和物理矛盾）是相同的，只是技术领域不同而已，它总结了40条创造性问题的解决原则，与各种系统冲突模式分别对应，直接指导创造者对新设计方案的开发。

六西格玛设计的第二个重要的方法论是试验设计（Design of Experiment，DOE）：计划安排一批试验，并严格按计划在设定的条件下进行，获得新数据，然后对数据进行分析，获得所需要的信息，进而获得最佳的改进途径。试验设计如今已经形成较为完整的理论体系，试验设计方案大致可分为三个层次。第一层次的试验设计是最基本的试验设计方案，包括部分因子设计、全因子设计和响应曲面设计（RSM）等。第二层次的试验设计包括田口设计（稳健参数设计）和混料设计。随着现代工业的发展，这两个层次的试验设计方案已经不能满足要求更高的和个性化的试验设计方案，于是第三层次的试验设计方案便由此诞生，包括非线性设计、空间填充设计（均匀设计）、扩充设计、容差设计、定制试验设计等。这些试验设计方法中，尤为值得一提的是定制试验设计。传统的试验设计方案都是相对固定的，当实际的问题和试验设计方案的模型存在偏差时，试验者往往不得不对自身所研究的问题进行修正，使它能与这些传统的试验设计方法相匹配。但定制试验设计恰好相反，它可以让试验者对试验设计方法的模型进行合理的修正，使它能够适合需要解决的问题。定制试验设计方法可以说是试验设计领域的一场革命，它可以让实验者对响应变量的个数及权重、试验因子的约束条件、试验模型中需要考虑的效应，甚至试验的次数都进行个性化的定制。

六西格玛设计的第三个重要的方法论是质量功能展开（Quality Function Deployment，QFD）方法，它是一个帮助实施者将客户的要求转化为产品具体特性的工具，从七个维度（客户的需求和重要度、工程措施、关系矩阵、工程措施的指标和重要度、相关矩阵、市场竞争能力评估和技术竞争能力评估）进行展开。

六西格玛设计的成功需要上述三种方法的综合应用，任何单一的方法都不能让企业收获六西格玛设计的丰硕果实。

项目实施环节总会遇到影响业务成功的关键问题，因此一个有效的系统解决方案对项目成功至关重要。DFSS确定客户的需求，并推动这些需求体现在产品方案中。DFSS方法提供测量和预测软件产品质量的工具，并且建立软件系统可靠性模型。

在公共安全的手持终端设备软件开发中，应用DFSS来满足客户需求。通常开机是手持终端设备用户常做的一个操作，会直接影响用户满意度和客户忠诚度，所以手持终端设备开机时间被定为提高产品性能和使用户满意的关键因素之一。由于新款手持终端设备增加了更多的功能，因此开机性能需要优化。

手持终端设备开机性能优化方案应使用 DFSS 方法，包括需求阶段、关键因素确定、关键因素分析、关键因素仿真、关键因素优化和证明等。

### 1．需求阶段

在市场团队确定系统需求之后，开发、需求和质量团队的工程师列出影响手持终端设备性能的因素。客户意见的重要性如表 4-3 所示。

表 4-3　客户意见的重要性

| 客户意见 | 重要性 |
| --- | --- |
| 最小化开机时间 | 10 |
| 支持 1000 个信道 | 8 |
| 最小化参数读写时间 | 7 |
| 客户控制的联系人数量 | 6 |
| 在 1000 个信道中搜索特定信息 | 5 |

由表可见，手持终端设备开机时间的优化是最重要的。根据 NUD（新颖/独特/难度）标准，优化手持终端设备开机时间被视为较困难的因素。

### 2．关键因素确定

基于客户的意见，开发、需求和质量团队将用户需求转化为一系列可量化的目标值，定义质量族。由于开机时间将影响用户满意度，因此被定为对用户重要的因素。

### 3．关键因素分析

在确定开机时间是关键因素之后，邀请跨职能团队一起分析影响开机时间的因素。首先列出哪些操作组成开机时间，然后计算每个步骤的时间，分析哪些操作影响较大，得出五个关键因素，分别为联系人、短消息、信道、通话和小区，如图 4-8 所示。

### 4．关键因素仿真

在关键因素仿真之前，需要先建立手持终端设备开机时间和五个关键因素之间的转移函数。

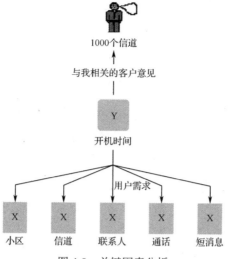

图 4-8　关键因素分析

首先，应用设计体验方法（DOE）得到转移函数的系数，输入五个不同参数的值，得到开机时间，计算出转移函数的系数，从而得到转移函数。

转移函数如下：

Power Up Time=3538.3+6.34*Zone_num+3.21*Chan_num+3.31*Ucl_num+2.82*Mdc_num+11*Msg_num−0.05*Zone_num*Mdc_num−0.007*Chan_num*Ucl_num

其中，Power Up Time 指开机时间；Zone_num 指小区数量；Chan_num 指信道数量；Ucl_num 指联系人数量；Mdc_num 指通话数量；Msg_num 指短消息数量。

基于上面的转移函数，用 Monte Carlo 方法仿真手持终端设备开机时间。关键因素仿真如图 4-9 所示。

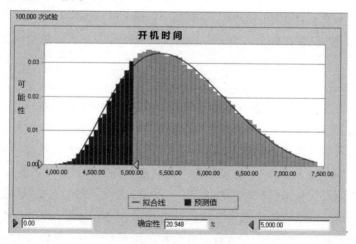

图 4-9　关键因素仿真

还可以得到开机时间对每个因素变化的灵敏度，依次是联系人数量、短消息数量、信道数量、通话数量和小区数量，如图4-10所示。

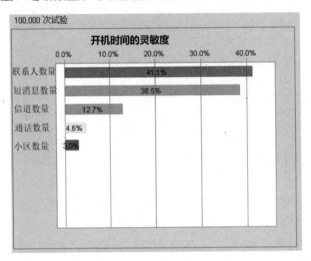

图4-10 关键因素变化的灵敏度

### 5．关键因素优化和证明

为优化开机时间，需要最小化转移函数中的常数和参数。关键因素的优化可以从这几个方面进行：减少某些硬件的自检，尽可能少地加载联系人、短消息、信道、通话和小区等的数量。

在解决方案确定之后，开发团队评估其可行性。

开发完成后，需要验证优化的结果。如果仿真指出优化能百分百满足需求，即开机时间小于5s，则达到目标。应用设计体验方法（DOE）得到转移函数的系数，输入五个不同参数的值，得到开机时间，从而计算出转移函数的系数，得到转移函数。

转移函数如下：

Power Up Time(S)=3406.16+0.275*Zone_num+0.358*Chan_num+0.153*UCL_num+0.153*MDC_num+0.492*Msg_num+0.000166*Zone_num*Chan_num

从新的转移函数得出的新的常数和系数远小于之前的转移函数的值。基于上面的转移函数，Monte Carlo方法仿真手持终端设备开机时间，如图4-11所示。由图可见，经过优化后开机时间小于5s，手持终端设备的性能完全达到要求。

从新的开机时间对每个关键因素变化的灵敏度可以看出，联系人数量、短消息数量对开机时间的影响大大降低，这也和优化方案一致，如图4-12所示。

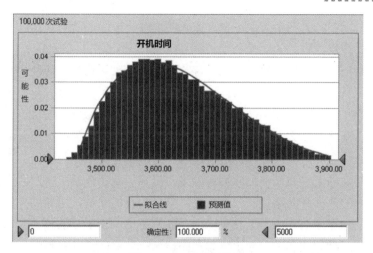

图 4-11　开机时间仿真

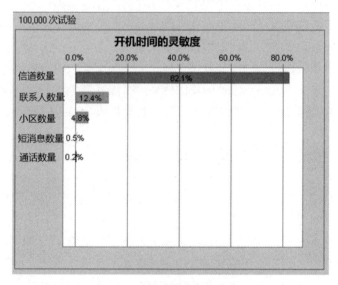

图 4-12　关键因素变化的灵敏度

在软件项目中，DFSS 可将软件经典建模技术与统计、预测模型和仿真技术紧密联系起来。特别值得强调的是，DFSS 需要项目利益相关者提供关键指标和优化方案的相关信息。

软件企业为了保持竞争地位和长期的盈利能力，必须能够持续地为市场提供成功的产品和服务。但是，并不是所有的产品或者概念都可以成功地商品化，根据美国 PDMA（产品开发管理机构）对新产品的研究统计，11 个创意中只有 3 个可以进入开发，最后只有 1 个能够成功地商品化。导致产品商品化失败的原因很多,主要可以归结为三个方面:客户需求的理解、市场趋势的判别以及不具有结构化的产品开发流程。

综上所述,六西格玛设计提供了客户意见(VOC)路径,帮助企业产品开发团队有效地获取客户的真实需求;六西格玛设计集成了各种最有效的概念开发工具,包括TRIZ,帮助产品开发专家洞察到产品系统、子系统、模块等技术的演变方向,从而确保产品方向和趋势的正确性;六西格玛设计为产品或服务的开发提供了一套结构化的严谨的流程。这套流程和方法具有两个核心价值:第一,保证产品开发团队的无缝合作,消除沟通障碍,提高了效率;第二,六西格玛设计是由一套通用的产品开发路径和一系列工具集成的有机系统,工具和方法之间的连接是逻辑的和有序的,一个工具的输出,通常是另一个工具的输入。迄今为止,还从来没有一种方法和工具能提供如此完整而有效的产品开发系统。

当然,六西格玛设计实施中也需要避免一些问题的出现,如模仿的机械、缺乏建立六西格玛持续改进的质量文化、没有对六西格玛的专业培训和咨询、基础管理相对薄弱、缺乏科学合理的项目实施规划等。

今后,六西格玛设计的主要发展方向是:继续支持六西格玛设计的软件工具平台的开发;建立六西格玛设计的管理体系;将顾客需求转换为可量化的设计特性和关键过程;概念设计中的解耦合设计;稳健性设计技术的深入研究。

## 4.6.3　数据建模和算法设计实践

以下以自动成图系统的设计实践为例,重点介绍实际应用项目的数据建模方法和模块算法的设计。

图论是数学的一个分支,它以图为研究对象。图是由若干给定的点及连接两点的线所构成的图形,这种图形通常用来描述某些事物之间的某种特定关系,用点代表事物,用连接两点的线表示相应两个事物间具有某种关系。在自动成图系统中,对配电网电气接线图的设备和线路的连接关系建立基于图论的数据模型。具体建模规则如下:

(1)节点。包括变电站电源点、开合设备、配变、T节点、杆塔、线路末端节点和站房设备等。

(2)有向边。从电源点开始,沿潮流方向首先搜索到的节点设备为父节点,父节点到子节点建立有向边$<V_m, V_n>$($V_m, V_n \in V$)。

(3)有向图。依据节点和有向边建立有向图。

(4)树。由此得到一个以根节点为电源点的树。树的最大深度路径包含的节点构成Ⅰ级路径，递归得到Ⅱ级路径、Ⅲ级路径……树的度等于路径的最大级别。一条配电线分解为1条Ⅰ级路径，多条Ⅱ级路径，多条Ⅲ级路径……

基于以上数据模型，设计自动成图算法。自动成图算法包括搜索线路和设备、建立线路树结构、建立关键路径和排布四个步骤，其中建立线路树结构是算法的关键。

**1．搜索线路和设备**

依据建模规则搜索完成用户所选择的所有配电线的电气数据，即准备好排布所需要的线路和设备的电气数据。在搜索过程中，记录联络开关数据信息，以备生成具有多条联络关系配电线的区域接线图使用。当所有需要生成区域接线图的线路全部搜索完毕后，建立树结构。

**2．建立线路树结构**

以图论为基础，将搜索的设备（包括电源点、开关节点、T节点、线路末梢节点、联络开关等）作为点，线路作为有向边，建立有向且有环的树结构（该树的每个子节点可能有多个父节点，每个父节点也可能有多个子节点）。建立线路树结构的步骤如下：

步骤1：从配电线的出线开始，在已经搜索出的线路和设备的电气数据上进行搜索。

步骤2：按照深度优先递归搜索，穿过联络开关，一直搜索至线路末端或另一个变电站出线节点为止。在搜索的过程中建立具有深度信息、可双向搜索数据域的树；同时，设置变电站配电线出线为已经建立树结构的标志；建立好的线路树存入树列表。

步骤3：重复步骤1~2，完成所有线路树的构建。

特别地，由于该树有向且有环，在搜索过程中构成环时要做特殊处理。搜索过的每条路径上的节点存储在一个临时队列中，并且设置已访问标记；当再次访问到该队列中已经访问过的节点时，说明构成环，开始进行节点的回退操作；一直回退至可选择其他不构成环的路径为止；最终队列中的全部节点都加入树结构的父子节点关系队列中，此条路径搜索成功。

**3．建立关键路径**

根据已经建立的树结构，标识树的分支级数和分支添加到排布图的顺序。首先标识0级分支（每棵树只有一条0级分支）第一个参与排布；其次依据1级分支的根节点在 0 级分支中的节点顺序，逐个标识 1 级分支的添加顺序；最后依次标识完所有分支的添加顺序。

4．排布

遍历已经建立的每棵树的关键路径，按照分支添加顺序，依次排布每一个分支、计算分支上各个节点坐标，最终形成不交叉、不重叠且横平竖直排布的区域接线图。具体流程如下：

步骤 1：遍历第一棵树。按照分支的添加顺序，遍历每条分支上的设备，计算坐标。首先，遍历 0 级分支，分支上的节点按照从父到子的顺序，依次计算每个设备的坐标；记录该分支上设备的最大、最小（$x,y$）坐标值。其次，遍历第一个 1 级分支，分支上的节点按照由父到子的顺序，依次计算每个设备的坐标；记录该分支上设备的最大、最小（$x,y$）坐标值。最后，将此 1 级分支与已经添加的 0 分支进行交叉重叠判断，若无交叉，则坐标计算成功；否则，从相交点开始，通过左右平移或上下平移的方式，修正所有相交设备的坐标值。

步骤 2：同理，完成树的每条分支的坐标计算，记录整棵树的最大、最小横坐标（$X$）和纵坐标（$Y$）。

步骤 3：遍历第 $N$（$N≥2$）棵树，参考第一棵树的最大、最小坐标值（$X$、$Y$），同上计算第 $N$ 棵树所有设备坐标。

步骤 4：依据画布大小，整体缩放区域接线图内的所有设备，保证图形全部显示在窗口中。

以上自动成图模块算法可对目标电气数据构建有向且有环的树，布图阶段先计算设备坐标、再走线，完成具有手拉手联络关系的区域接线图的排布。

## 4.7 本章小结

系统需要特别注意数据库的设计。数据库设计不好可能引发系统的大问题，因为大多数软件系统都需要与数据库交互。软件组织内通常有专业的数据库管理员（DBA）完成数据库连接、读取和接口的底层设计。只有数据库设计思路好，能预见数据库的扩展，才能做到数据库存活多年并且变动很小，有效提升软件质量和可维护性。

除了基于需求的场景设计，软件架构还需要基于体验设计。体验设计需要融入设计人员的头脑中，否则就会关注别的东西了，如代码效率、可维护性、处理性能等。当然，鱼与熊掌不可兼得，有时体验设计是需要舍弃一些事情的。

　　软件质量是设计出来的而不是测出来的，不能把所有的问题都遗留给测试团队去解决。软件设计模式的选取很重要，选对了可以节省很多时间；产品设计定位不好，会拖累开发、测试、交付人员。当然，测试人员可尽早介入开发设计的评审，了解设计思路，结合功能业务和设计分析会更加有针对性。应该从源头开始，全员参与软件质量保障。

# 第 5 章
# 软件实现

自律的个人实践可以少植入多达 75% 的缺陷。

——Victor Basili 和 Barry Boehm《关于减少软件缺陷的十大结论》

## 5.1 编码的底线及规范

正规的软件组织一般会在员工新入职时举办一系列培训，其中就包括介绍常用编程语言的代码规范。下面以 C 语言为例讲述一些示例，其中大多数示例都来自嵌入式软件项目中发生的实际问题。

（1）对架构的依赖

在进行编码时，不应假设处理器架构。

● 不要假设自动变量是由编译器或系统初始化的。在使用时自己进行初始化，而不是声明。例如，下面的错误代码：

```
int foo() 2
{
    char *p;
    if (p == NULL)
    p = malloc(1024);
    …
}
```

● 不能假设 int 或 void * 是 4 字节（使用 sizeof 代替），如果需要 32 位整数，则使用 _uint32_。

例如，下面的错误代码：

void ** buffer = malloc(point_num * 4)

应该使用：

void ** buffer = malloc(point_num * sizeof(void *))

- 绝不允许错位对齐。一个明显的错误代码如下：

char buffer[1024];
(int *) *(&buffer[2]) = 100;

没有人知道真正的结果，所以需要确保数据对象很好地对齐。

一个更微妙的例子：假设 hiperlan2 中的消息分配为保存消息分配了一个缓冲区空间，开始是消息头，然后是消息体。如果消息头在处理器缓存行上没有很好地对齐，用户尝试将指针存储到正文中，那么结果将是不可预测的。

- 不假设大小端格式很重要。

例如，将一个 4 字节整数写入缓冲区并发送到网络。错误代码如下：

char * buffer; *((int *)buffer) = 100

应该写为：

BIG_EDIAN_WRITE_UINT32（buff，100） 2

其中，BIG_EDIAN_WRITE_UINT32 是一个用公共代码编写的宏，大多数规范中的消息都是符合大端格式的。

- 请记住，软件产品可能在各种处理器上运行，从强大的芯片到低成本的微芯片，而且来自各家供应商。

（2）对局部可执行指令的依赖

- 除非产品设计明确说明，否则不允许使用 C 库函数或操作系统特定接口。
- 不能假设本地操作系统策略，如调度、寻址空间等。例如，RTOS 可能支持也可能不支持线程级抢占。
- 绝不允许内存溢出，即使在某些系统上不会导致运行错误。

例如，Unix 中的大多数 malloc() 例程都有自己的堆管理策略，即使释放一些空间可能仍然是有效事件，因为 malloc() 算法基于最小页面单位（但永远不能指望这个）。

（3）关于全局/静态变量

- 当支持多个堆栈实例时，在移植过程中会遇到困难。
- 除非设计明确允许，否则不要使用全局变量。

- 除非必要，否则通常不允许使用静态内存。

（4）关于指针操作

- 释放时将指针设置为 NULL。

假设下次再次访问旧指针时，程序通常会立即崩溃，因为地址零对大多数系统无效。但是对于一个过时的指针，程序可能会继续运行，而且最终可能会在一个几乎没有调试线索的地方崩溃。

- 检查每个内存分配的失败。

（5）关于定义的范围

- 尝试将定义范围最小化到所需的最低级别。
- 所有接口定义都被定义为静态，除非通过设计明确导出以避免命名空间损坏并且允许编译器优化。
- 不要滥用范围约束来定义同名变量。

错误代码如下：

```
int glob;
int func()
{
    int glob;
    /* code segment */
}
```

（6）关于预处理器

- 尝试将#ifdef 放在头文件中，而不是 C 文件中。
- 防止嵌套引起的重定义，使用条件编译。
- 静态的不会导致编译/链接问题的函数实现请不要直接写入头文件事件。
- 如果定义#ifdef 机器依赖，则确保当没有指定机器时，结果是错误，而不是默认机器（使用"#error"并缩进，以便适用于旧的编译器）。
- 使用#ifdefs 定义可以在代码中统一使用的宏。例如，用于组件测试的头文件：

```
#ifdef __unit_test__
extern int ut_foo_stub();
#define FOO() ut_foo_stub();
#else
#define FOO() foo()
#endif
/* code here */
a = FOO();
```

（7）对编译器的依赖

● 严格遵守 ANSI-C 标准。当然，GNU 也有一些有价值的编码解决方案，如下所示：

```
/* Declare the prototype for a general external function.   */
#if defined (__STDC__) || defined (WINDOWSNT)
#define P_(proto) proto
#else
#define P_(proto) ()
#endif
int foo P_((int, int))
int
foo(x, y)
    int x;
    int y;
{
    /* code segment */
}
```

● 即使被 gcc 接受，也不要使用 C++风格的注释。

● 不要延续函数参数的评估顺序。

以下是错误代码：

```
-    foo(pointer->member, pointer = &buffer[0]);
-    call_fn(x++,y++,*x,*y);
```

● 不要认为你的代码是好的，因为它在 Unix 上被 gcc 接受（如果可能，构建脚本应强制编译为与 ANSI-C 兼容）。

（8）注意编译器优化

● 特别是在多线程执行的情况下（例如模拟器中），或中断重入、longjmp 等。

● 优化可能会导致意想不到的行为。

（9）关于编译/链接结果

● 永远不要忽略编译或链接过程中的警告。

例如，假设代码应为：

```
if (a == b) {
    ...
}
```

结果写为：

```
if (a = b) {
    …
}
```

将会造成编译警告。

- 通过更改代码消除警告。带有编译警告（更不用说错误）的代码无法进行正式评审。建议在正式评审前将这样的警告以较低成本删除修复。

（10）节省内存的技巧

- 限制变量的范围，例如使用块级变量：

```
int func()
{
    { struct xxx val;
        /* do it */
        val.field = 0;
    }
    /* here, val has been freed by compiler */
}
```

- 切勿将结构作为函数输入参数传递。过多的参数也暗示了问题（不超过3个）。

- 注意，返回值作为结构也是被禁止的，这会导致库兼容性的问题。

- 重新对齐结构的定义，以便在代码实现阶段开始时已定义良好的字段对齐。以下是不正确的字段对齐例子：

```
struct xxx {
char a;
int * b;
char c;
}
```

应该写为：

```
struct xxx {
int * b;
char a;
char c;
}
```

- 函数调用嵌套的深度需要仔细检查。
- 绝不允许递归调用。

- 即使有时将类型定义从 int 更改为 char 会节省空间，也不可以去做，因为类型转换会降低性能。
- 可以用常识来判断内存分配是否合理，并重新评估开发人员在 Windows 等平台上的编码习惯。
- 对于使用 exe_malloc 的动态分配，请注意许多操作系统根据伙伴算法的结果基于 2 的顺序进行分配。
- 动态内存分配和解除分配应与空间生命周期的实际需求相符。

（11）提高性能的技巧

不要过度依赖编译器的优化，尽量编写较短的代码。在代码效率和可读性之间作出合理的权衡。

（12）可读性

- 通常不允许魔术数字，请改用宏定义。
- 不允许使用魔术数字的偏移量访问结构。
- 注释率至少达到 1∶1。
- 不要写很长的函数体。

（13）关于例外情况

- 处理所有的系统故障情况，例如内存分配失败。
- 除非仔细检查，否则不要忽略函数调用的返回值。在 Unix 或 NT 中可能很少发生故障，但在嵌入式环境中却经常发生。
- 代码可以在非常恶劣的环境中运行，或者与来自不同供应商的软件交互。不要依赖无法控制的外部软件的正确性。例如，需要检查来自外部的每条消息的有效性。

（14）关于宏定义

- 始终使用括号括住参数和结果。
- 使用强制转换进行强类型检查，例如：

```
#define SUM(a, b)          ((int)((int)(a) + (int)(b)))
```

- 宏节省了函数调用/返回的开销，但是当宏变长时，调用/返回的影响变得可以忽略不计。
- 函数参数按值传递，而宏参数按名称替换传递，好的例子如下：

```
if (x==3)
    SP3();
else
```

```
    BORK();
#define SP3() do { if (b) { int x; av = f(&x); bv += x; }} while (0)
```

（15）关于内联定义
- 不允许使用内联定义，因为不符合 ANSI-C 标准。
- 改用宏。

（16）堆栈注意事项
- 不要使用静态自动变量使所有库或函数可重入。
- 静态大小不仅仅是自动变量的总和，还包括对齐、填充、操作及其他编译器/系统相关开销。
- 通过工具测量堆栈消耗。

（17）关于其他警告
- 将函数参数转换为期望的类型。
- 检查所有字符串的边界。
- 不要随意改造库。

正如 Michael DeCorte 所说，C 语言认为程序员永远是对的。因此程序员要吸取教训并编写出更好的代码，当然更好的代码主要来自经验的日积月累。

作为提高代码质量的重要手段，代码评审赋予代码评审者权利。代码评审需要注意每次评审小批量代码，大规模代码改动可以多批次评审，并且要找到合适的审查者，即小批量，多批次，找对人。

当然也有另一种声音：代码评审主要不是为了发现缺陷（尽管这仍然很重要）。代码评审作为一种交流活动更有用，它提供了一个很好的教育机会，并建立了一个大家认可的代码共同基础，对代码作者来说是一种良性的社交压力。

## 5.2 看上去很美的组件测试

组件测试怎么落地，难啊！一方面，组件测试是对软件未来的一项必不可少的投资；另一方面，组件测试一旦延后，大概率就不会有人做了。因此团队在代码完成后应立即进行组件测试，组件测试通过后进行代码评审。

### 5.2.1 组件测试的范围及流程

组件测试是软件开发周期的一部分，测试各个软件组件并验证其功能。组件测试的关键步骤包括创建组件测试规范、开发组件测试套件及执行测试套件。组件测试是测试的第一级别，它在软件详细设计阶段之后开始，然后是集成测试。组件测试的两个主要活动是创建和执行。在创建活动中识别组件测试用例并创建支持框架，如桩、驱动程序、消息和脚本等。在执行阶段，开发组件套件的细节并执行测试。

下面以某项目为例介绍组件测试，该项目中单个 C 函数/单个 C++类被定义为代码组件。组件测试环境设置为测试单个代码组件。用于组件测试的所有代码都在 Unix/Linux 平台上存储、构建和执行。使用 Cantata++框架定义和执行组件测试用例。组件测试流程图如图 5-1 所示。

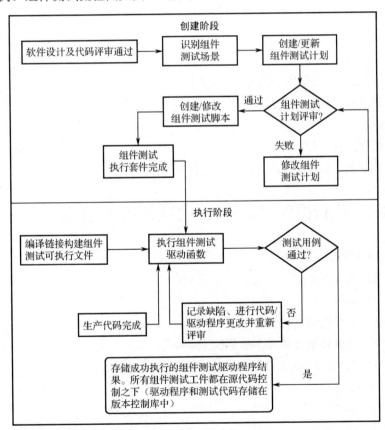

图 5-1　组件测试流程图

## 5.2.2　创建组件测试的入口准则与出口准则

入口准则包括：

- 分析和设计完成。
- 编码完成。
- 被测组件通过 flexelint 和 klocwork 运行。
- 代码检查完成（返工签收）。
- 咨询领域专家。

输入包括：

- 被测组件。
- 软件需求规格说明（如适用）。
- 详细设计文档（如适用）。
- 流程图（如适用）。
- 状态机图（如适用）。

出口准则包括：

- 创建组件测试计划并通过非正式评审。
- 驱动程序构建和链接。

输出包括：

- 组件测试计划。
- 桩函数、封装、makefile 及驱动程序。

### 5.2.3 执行组件测试的入口准则与出口准则

入口准则包括：

- 被测组件评审完成并签入版本控制库。
- 组件测试计划评审通过。
- 驱动程序构建和链接成功。
- 组件测试环境已建立，必要的工具可用。
- 组件测试代码通过 klocwork 运行并纠正工具发现的重大问题。

输入包括：

- 被测组件。
- 桩函数、封装、makefile、驱动程序、组件计划、组件可执行文件。

出口准则包括：

- 所有组件测试用例都成功执行并通过。
- 实现 100%的语句覆盖率、100%的入口点覆盖率和 90%的判定覆盖率并且跟踪条件覆盖率。

- 记录测试结果。
- 捕获的缺陷记录在跟踪表中。
- 该阶段指标（这是一个迭代过程）。

输出包括：
- 日志文件和组件测试结果（由测试驱动程序生成）。
- 组件测试跟踪表。

### 5.2.4　组件测试的角色和职责

功能开发人员负责功能组件测试，并负责确保遵循组件测试流程。功能开发人员还负责在其功能中实现最高级别的代码覆盖率。功能组件测试人员应协调并与其他功能组件测试人员和开发人员沟通任何必要的组件测试或桩函数的修改/添加，如表 5-1 所示。

表 5-1　组件测试的角色和职责

| 角色 | 职责 |
| --- | --- |
| 开发人员 | 1. 为功能组件测试计划定义组件测试用例。<br>2. 创建桩函数以满足功能团队的要求。<br>3. 作为功能团队成员，创建测试驱动程序并将测试用例添加到功能组件测试的测试驱动程序中。<br>4. 如有必要，更新版本控制库中的现有组件测试脚本、桩函数和 makefile。<br>5. 构建并执行组件测试驱动程序。<br>6. 对失败的测试用例进行必要的代码更改或脚本更改，并在跟踪表中记录任何代码缺陷。<br>7. 及时更新组件测试报告 |
| 功能组件测试总负责人（与功能负责人合作） | 1. 与其他功能组件测试负责人互动，以协调创建多个功能团队所需的通用存根。<br>2. 计划在功能团队级别上保持一致。<br>3. 与其他功能团队合作，在产品层面上保持一致。<br>4. 确保在合并检查点、集成检查点等之后组件测试工件仍处于工作状态。<br>5. 为刚接触组件测试的人员提供技术指导，即编写测试驱动程序、测试桩及调整测试以获得更多代码和路径覆盖率的方法 |
| 功能负责人 | 1. 负责总体规划功能的组件测试，并负责组件测试计划评审。<br>2. 确保在组件测试期间发现的所有缺陷都记录在跟踪表中并且已修复。<br>3. 确保遵循组件测试流程。此外，功能所有者可以在组件测试完成之前指派一位领域专家来评审作者的计划和结果。<br>4. 每周更新组件测试跟踪矩阵 |

## 5.2.5 组件测试的设置和创建

组件测试需要设置并创建初始功能区域的通用组件测试环境。应该在所有功能区域中维护一个通用的目录结构。同一目录中被测组件的所有测试脚本将驻留在同一测试脚本目录中。所有桩函数/封装都将存储在桩函数/封装目录中。makefile 将存储在组件测试目录中。多个功能区域所需的桩函数/封装/公用程序的引用（如符号链接）或代码将保留在拥有这些桩函数/封装的功能区域的中心位置。

所有测试用例、测试驱动程序和存根都应根据组织的 C/C++ 编码标准进行编码。不是每个被测组件都需要一个 makefile。一个测试脚本目录一个 makefile 可能就足够了。每个测试脚本在 makefile 中都有自己的目标。每个 makefile 都应该有特殊的目标，即它可以构建目录中的所有目标并给出整体通过/失败状态。所有桩函数、测试用例、makefile 和测试驱动程序都应进行源代码控制以确保可重复性，这项工作必须在代码变更请求下完成。

通过为功能区域准备桩函数库的方式，可以在团队之间分配常用桩函数的工作，以避免重复。例程初始化全局数据结构也是如此，这些数据结构在进程中的多个模块中使用。

功能所有者与功能团队成员一起创建组件测试计划文档。功能区域负责人计划功能区域组件测试。功能区域组件测试计划中确定了更多的桩函数和常见的支持例程；功能区域组件测试计划中定义了更多测试用例。组件测试计划中有测试驱动程序/桩函数的设计说明。

根据功能要求和设计说明，开发人员应遵循以下准则来确定要进行的组件测试的内容及识别组件测试用例：

- 确定所有新的和修改过的代码都应该被测试。
- 测试任何新的或修改过的接口。
- 对于范围检查，应涵盖测试最小值、最大值、针对 max+1 和更大值的保护。
- 对于指针，应涵盖空情况和非空情况。
- 边界条件应该被执行，包括执行下边界、边界内、上边界和上边界条件的测试用例。if/else、do/while 循环、for 循环、数组边界中的条件语句边界都可以在这里考虑。
- 对于数组，有必要测试数组中的第一个、中间一个、最后一个数组元素以及对超出范围访问的保护。

● 确保循环被覆盖 0 次迭代、1 次迭代、2 次或更多次迭代的情况及最大迭代次数。

● 使用代码中的各种路径来识别测试用例，验证所有可能的场景。

组件测试计划应该有一个概要。修改组件测试计划时文档将受到版本控制。一旦确定并创建了新的测试的主要场景，将进行评审。以下是开发人员在组件测试计划中的驱动程序代码文件部分添加的详细信息：

● 被测组件。

● 被测组件驱动程序描述/概述。

● 注释。

● 修订历史。

以下是开发人员在创建组件测试用例时为驱动程序代码文件的组件测试脚本部分添加的详细信息：

● 测试用例 ID。

● 测试用例名称/标题。

● 测试用例描述/功能。

● 需要注意的测试用例依赖。

● 入口和出口准则。

● 优先级（对执行至关重要的测试用例将被标记为更高的优先级，而琐碎的测试用例将具有低优先级）。

函数的所有者应该创建函数的桩函数和封装（如有必要，特性团队将需求提交给功能团队），以便其他被测组件可以使用桩函数和封装进行组件测试。存根和包装器应该存储在被测组件的组件测试目录下的子目录"…/stubs"和"…/wrappers"中。

## 5.2.6　组件测试的执行

首先在应用服务器上设置环境构建和运行组件测试可执行文件。如果测试脚本未能成功执行，开发人员必须分析测试结果，记录缺陷并确定问题所在。如果问题是配置或脚本问题，则进行相应修改并重新执行测试。开发指定了三个覆盖级别的最低要求：语句覆盖、入口点覆盖和判定覆盖，还需要跟踪条件覆盖以识别覆盖差距。

如果测试脚本是由于被测代码中的缺陷而导致运行失败，并且修复很简单，则执行以下操作：

- 在跟踪表中记录缺陷。
- 修改代码。
- 与适当的人（如最初的代码评审团队）一起评审修改。
- 重新执行测试脚本。

如果测试脚本是由于被测代码中的缺陷而导致运行失败，并且修复不是微不足道的（如需要进行重大代码更改和/或需要更改设计），则执行以下操作：

- 在跟踪表中记录缺陷。
- 修改代码和设计（如适用）。
- 重新检查代码和设计（如适用）。

如果测试脚本是由于遗留在代码中的缺陷（未经开发人员修改）而导致运行失败，则执行以下操作：

- 联系缺陷所在的功能区域负责人，以确认这实际上是一个现有缺陷。
- 针对功能区域提交缺陷。

## 5.3 软件编码实践

10%的缺陷导致了90%的软件系统宕机。

——Victor Basili 和 Barry Boehm《关于减少软件缺陷的十大结论》

### 5.3.1 测试驱动开发

（1）关于编码，开发人员常常面临这样的一些困境。

- 反模式——Lava Flow（岩浆流）。

我不清楚那个类的目的是什么，我来之前它已经写好了，但最好还是让它保持原样，毕竟这东西可以工作，不是吗？

- 反模式——The Blob（胖球）。

这个类确实是架构的心脏，它拥有 60 个以上的属性和操作。

- 反模式——复制粘贴编码。

Bill，你工作得真快，3 周内完成 40 万行，真是一个了不起的进展。

Bill，你修复的那个错误，怎么又出现了？

关于测试，开发人员又面临这样的一些困境：

- 团队准备加班加点在一周内执行 1000 个回归测试用例，希望这次能按时发布。
- 测试是测试小组的事，我还要编码呢。
- 我讨厌一次又一次重复运行测试，一点技术含量也没有。

正是因为开发人员面临这样那样的问题，测试驱动开发应运而生。测试驱动开发简称 TDD（Test-Driven Development），它的基本思想就是在开发功能代码之前，首先思考如何对这个功能进行测试并完成测试代码的编写，然后编写相关的功能代码使得这些测试用例能够通过。这是一个迭代过程，程序员逐步添加测试代码和功能代码，直到完成全部功能的测试和开发。TDD 是敏捷（Agile）开发的一个核心实践，但它并不只属于敏捷开发，实际上可以独立用于其他开发流程。

（2）标准的 TDD 步骤。
- 写一个新的测试用例。
- 编写最简单的功能代码并编译通过。
- 运行所有测试，发现测试用例失败（red-bar）。
- 尽可能少地修改功能代码并让测试通过。
- 运行所有测试，发现测试用例全部通过（green-bar）。
- 重构代码，去除代码中的臭味。
- 重复上面的过程。

其中，术语 red/green 来自 JUnit，JUnit 用红（red）条标识失败的测试用例，用绿（green）条标识成功的测试用例。

（3）TDD 的特点。
- 编写一点，测试一点，小步前进。
- 没有自动测试，就没有 TDD。
- 不要编写没有测试用例的代码。
- 开发人员自己而不是其他人编写测试用例。

TDD 有如下一些显而易见的优点：
- 可信赖的代码。用户的需求被测试用例覆盖，代码是可测的并且通过了测试。
- 快速反馈。如果今天早上发现有个测试用例失败，多半是昨天的变更造成的。
- 节约调试时间。开发人员很少或者根本不需要使用调试器就能修复缺陷。
- 回归测试。TDD 产生的测试用例集可被认为是回归测试。回归测试可自动运行，这为程序维护/后续版本开发节约了大量的测试成本，从而加快了开发进度。

TDD 还有如下一些相对隐蔽的优点：

● 产生质量高的代码。由于代码必须可测试，这就要求程序员采用好的设计实践，诸如松耦合、单一职责的类、尽量少的条件分支及代码行少的函数；同时，重构去除了代码中的臭味，也让代码质量提高。

● 高效的沟通。测试用例可作为范例帮助其他项目组成员理解代码，也指明了用户需求是否已被测试覆盖，这大大减少了传统开发流程中保持设计/需求文档和代码同步的开销。

● 激发热情。TDD 帮助开发人员产生较少缺陷的代码，鼓励重构得到干净优美的代码，维护了开发人员的自尊和荣誉，激发了开发人员的编程热情，大大促进了生产率的提高。

● 避免过度设计。过度设计（over-engineering）是指代码的灵活性和复杂性超出所需。对 TDD 而言，如果开发人员不愿为一个方法/类写测试用例或者认为现在没有必要测试，那么可能意味着这部分是过度设计，应该从代码中删除。

（4）实施 TDD 的核心实践在于：第一，熟悉 xUnit 架构，有能力开发扩展模块，满足项目组特殊的需要，比如测试用例的管理。第二，精通虚拟对象 Mock Object 技术，这是隔离被测对象，实现自动测试的关键。首先，Mock Object 模拟了实际对象的接口和行为，就像传统的桩函数，被测对象分辨不出是和真实对象还是虚拟对象交互。其次，虚拟对象检查被测对象和它的交互情况，并报告实际行为是否和期望吻合。这是和桩函数的本质区别。

作为一名 Java 开发人员无疑是幸福的，因为有很多工具支撑 TDD。例如，功能众多的 Junit、强大的支持重构的 IDE Eclipse、方便的构建工具 Ant/Maven、易用的 Mock 工具 EasyMock/JMock、代码覆盖率检查工具 Cobertura/EMMA、代码审查工具 Checkstyle 等。

（5）如果项目是基于 C++开发的，则可以采用基于 C++的 TDD。下面介绍 C++的 TDD。相对于 Java，C++对于 TDD 提出了挑战。C++本身比较复杂，比如多继承、内存管理和指针等。C++缺乏类似 Java 的映射机制。另外，相对于 Java，C++程序员的 TDD 工具数量有限并且自动化程度不高，如组件测试框架 CppUnit/CxxTest、构建工具 make、Mock 工具 mockpp、代码覆盖分析工具 gcov/lcov、内存检查工具 Valgrind 及文档生成工具 Doxygen 等。

● 对于嵌入式环境，推荐 CxxTest 或者 FRUCTOS，它们比较小巧，可移植性好并且以源代码形式发布。但是这些 C++测试框架都缺乏插件，可能需要用户自己开发一些扩展功能，比如测试用例集的管理。

● Valgrind 是 Linux 系统中的内存检查工具，不但可以检测内存泄漏、段错误等缺陷，还包含缓存检测、代码覆盖、性能测试等功能。例如，Memcheck 检查内存访问错误，Helgrind 检查多线程程序中出现的竞争问题，Callgrind 进行代码覆盖和性能瓶颈分析，Massif 是堆栈分析器，Cachegrind 检查高速缓存的丢失。

● gcov 与 lcov：gcov 是 gcc 自带的代码覆盖分析工具，可以追踪程序运行时哪部分代码被执行了，该部分代码执行的频率，以及执行的时间消耗。lcov 是 gcov 的一个扩展，可以提供直观的分析信息。它们可以帮助程序员检查 Test Cases 的覆盖率，提高测试的质量。

● mockpp 是一个帮助生成 C++虚拟对象的工具。一般来说，目前 C++的虚拟工具缺乏 Java 虚拟工具的众多特性，还需要开发人员自己开发。

● Doxygen 是基于 GPL 的开源项目，是一个非常优秀的文档系统，能把遵守某种格式的注释自动转化为对应的文档。当前支持在 Unix（包括 Linux）、Windows 家族、Mac 系统上运行，完全支持 C++、C、Java、IDL（Corba 和 Microsoft 家族）等语言，输出格式包括 HTML、latex、RTF、ps、PDF、压缩的 HTML 和 Unix manpage。

C++的 TDD 实用技巧包括：

● 前进的步伐可以稍微大些。

● 效率是一个必须考虑的问题，C++程序员不要拘泥于一次只写一个测试用例。

● 经常运行静态检查工具，比如 Klocwork。

● 经常进行代码覆盖率检查。

● 经常进行内存错误检查。

● 掌握好重构的节奏，不要太频繁也不要间隔太长。

（6）软件项目中集成是非常棘手的，能单独工作的模块组装起来（即使它是用 TDD 技术开发的），也会遇到许多意想不到的问题，导致软件根本不工作。要保证 TDD 项目获得成功，必须引入持续集成（Continuous Integration, CI）。持续集成包含：

● 持续构建。使用 CI 服务器，自动轮询版本控制库中的变更，在独立的计算机上执行构建。

● 持续测试。在每次构建成功后，CI 系统可以自动运行测试，不光包含组件测试，还应该包含系统测试、负载/性能测试、安全测试和其他测试。

● 持续审查。利用自动化的审查，报告编码标准的违反情况，找出代码重复的位置，确定代码复杂度较高的部分，以及报告代码覆盖率是否满足要求。

● 持续部署。能够将每一个成功的构建打上标签，并自动部署到目标机，执行自动测试/手动测试，这样可保证向用户提供最新的能工作的版本。

● 持续反馈。持续集成过程中的反馈信息，应该在正确的时间，以正确的方式，将正确的信息送给正确的人。这是减少缺陷引入，缩短发现和修复缺陷之间时间间隔的关键因素。

● 持续数据库集成。如果项目中使用数据库或者 XML 文件保存持久数据，则应该将数据库代码（DDL、DML、配置文件）或者 XML 文件当成源代码同样对待，从而享受 CI 系统的好处。持续集成将在第 7 章中专门介绍。

### 5.3.2 代码静态分析

Klocwork 是一款支持百万行甚至千万行以上的 C/C++/Java/JS/C#代码质量静态检测工具。利用深度数据流分析技术，静态地跨类、跨文件地查找软件运行时的缺陷、错误和安全漏洞，并准确定位错误发生的代码堆栈路径，能明显改进项目代码质量。

● 支持自动化扫描 1000 多种代码缺陷，包括空指针、资源及内存泄漏、未捕获的异常、除零等，全面检测代码质量问题。

● 能够发现的软件缺陷种类全面，既包括软件质量缺陷，也包括安全漏洞方面的缺陷，还可以分析对软件架构、编程规则的违反情况。

● 提供全面的安全规则扫描能力，支持多种标准，深度数据流分析能力强、准确率高、漏报率低。

● 支持常用的 IDE，如 Eclipse、Visual Studio、IntelilJ Idea 等，可以与 CI/CD 工具集成，并采用 B/S+C/S 方式部署。

● 支持静态检测软件应用的安全漏洞，包括 SQL 注入、被污染的数据、缓存溢出、弱代码实现及其他多种常见应用安全漏洞。

● 能够分析软件的各种度量，支持 SVN、GIT 等代码管理工具。

● 支持检查规则自定义。

● 可以与行覆盖率、复杂度等现有的持续集成工具一起使用，做到代码静态检测工具在项目中落地。

Klocwork 解析的 C/C++的内存泄漏如表 5-2 所示。

表 5-2 Klocwork 解析的 C/C++的内存泄漏

| 种类代码 | 标题 | 描述 |
| --- | --- | --- |
| MLK.MIGHT | 可能的内存泄漏 | 程序未释放先前分配的内存，在某些路径上可能会丢失对动态内存的引用 |

续表

| 种类代码 | 标题 | 描述 |
|---|---|---|
| MLK.MUST | 内存泄漏 | 程序未释放先前分配的内存，此时对动态内存的引用已丢失 |
| CL.MLK | 构造函数的内存泄漏 | 在构造函数中执行动态内存分配的类，应在析构函数中使用 delete 释放内存 |
| CL.MLK.VIRTUAL | 可能的析构函数内存泄漏 | 如果在析构函数中分配内存，则基类必须具有虚拟析构函数。基类的析构函数定义为虚函数，当利用 delete 删除指向派生类定义的对象指针时，系统会调用相应类的析构函数。基类的析构函数不定义为虚函数时，只调用基类的析构函数 |

Klocwork 检测出的内存泄漏问题如图 5-2 所示。

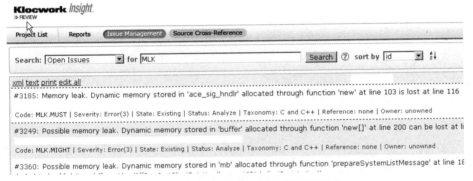

图 5-2　Klocwork 检测出的内存泄漏问题

内存泄漏问题的柱状图如图 5-3 所示。

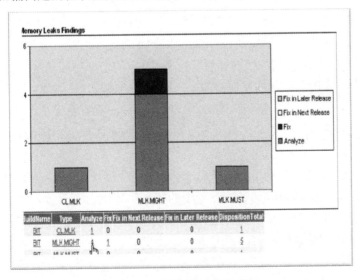

图 5-3　内存泄漏问题的柱状图

Klocwork 静态测试步骤如图 5-4 所示。在修改代码后使用 Klocwork 进行代码静态测试。如果发现问题，则分析相应的问题，如果确认是缺陷，则修复缺陷，如果证实不是缺陷（虚警），则调整 Klocwork 的检测规则。

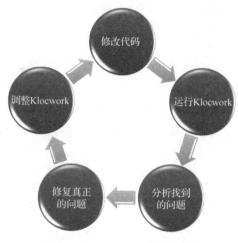

图 5-4　Klocwork 静态测试步骤

## 5.4　本章小结

关于代码评审，Jerry Weinberg 在《程序开发心理学》一书中写道："评审批评的是代码本身而不是人。"善待代码编写者，而不是代码。尽可能给出积极、正向、以改进代码为目的的意见。给出意见时，尽可能让你的意见和遵循的标准、使用的程序规格、应提高的性能等联系起来。评审的全部目的就是为了发现问题，问题终究会被发现。不要把发现的问题当作个人的失败。一方面，代码评审应该保持中立，对事不对人，不搞人身攻击。另一方面，不管错误是在代码评审还是在测试阶段被发现的，开发人员应该理解并接受每个人都会犯错误的事实，关键是在发布之前尽早找到它们。

制造业可以通过"复用"制造出千千万万个相同的产品，而软件业则很难生产出两个完全相同的产品。软件业中的"复用"确实有难度，也确实需要成本，但不能因此而否定复用的价值，有个可参考的东西，大多数情况下总比从零开始好。复用没做好，应该思考为什么没做好，然后改进，而不是否定复用的价值。

软件质量是集体内建的而不是测出来的，缺陷的预防重于缺陷发现，但很多开发人员意识不够。如果一个产品的架构、功能设计和代码等质量很差，已经是次品，靠测试是无法扭转质量的。因此，测试只是质量保证中的一环，只能影响质量的底线。测试人员是质量底线的守护者，只能在一个质量基本盘的基础上有限地提升质量。

# 第 6 章

# 软件测试

我非常确信,在我有生之年,对软件发展的最大贡献不是来自面向对象的方法和高级语言、函数式编程、强类型、MVC 或其他任何东西,而是来自测试文化的兴起。

——XML 之父 Tim Bray

## 6.1 集成测试

组件测试是一个测试级别,并且适用于任何非模型组件,如用户界面和通信模块。集成测试是另一个测试级别,用于确保系统组件间的正确交互。它测试是否收到了模型所期望的数据流水线的输入,以及模型产生的任何预测是否传递给相关系统组件(如用户界面)并正确使用。

每个软件都可能有缺陷,因为犯错误是人的天性(软件是由人开发的)。缺陷造成软件的使用更加困难。软件中的缺陷必须清除,最好是在软件用户正式使用软件并发现缺陷之前。缺陷是软件代码中导致软件故障的问题,人们有时也称为错误。

集成测试阶段的主要目标在于尽可能多地发现缺陷。正如 James Whittaker 在《探索式软件测试》一书中所说:"由于缺陷通常扎堆出现,因此产品缺陷多的地方值得反复测试。实际上,一旦确定了某个代码区域缺陷很多,我建议对邻近功能使用遍历测试法进行测试,以此来验证那些修复已知缺陷的代码没有引入新的缺陷。缺陷的出现也常常符合二八定律。测试人员发现的缺陷往往是冰山的一角,更多的缺陷还在海面下等待着测试人员的继续探索和挖掘。"

对于新的或修改过的测试用例的首次运行失败，缺陷应该针对测试环境问题提出。如果确认故障是由产品引入的，则为产品缺陷。即测试人员发现测试用例的实际结果与期望结果不一致时，应先分析是测试方面的问题还是产品的缺陷。

集成测试需要 100%通过。软件测试人员一旦发现并确认是产品缺陷，则需要在系统中提交缺陷报告。缺陷报告中的技术严重程度如下。

（1）严重程度 A——危急

危急缺陷表示严重影响服务、容量/流量、计费和维护能力并需要立即采取纠正措施的情况。危急缺陷一旦发生将导致系统发布停止。例如，针对一个通信系统软件：

a．整个交换、传输系统、子系统关键特性的有效功能的损失。

b．容量或处理能力降低，以致无法处理预期负载。

c．任何安全或应急能力的丧失（如 110 呼叫）。

d．从客户的角度看，不可用的系统、子系统、产品或关键特性。

e．可能对用户造成的人身伤害。

f．阻止通信系统的主要功能（语音系统中的通话呼叫、数据系统中的数据、主要互联语音系统中的互联等）。

g．造成系统数据（基础设施配置管理、计费记录或会计管理）不可挽回的损失。

h．阻止系统满足公布的标准/规范，包括监管和安全标准。

i．允许破坏系统/产品安全。

j．阻止客户维护系统。

（2）严重程度 B——重大

重大缺陷表示严重影响系统运行、维护和管理等的情况，客户在与供应商讨论时需要立即关注。由于此类缺陷对系统性能、客户的运营和收入的直接或间接影响较小，因此紧迫性低于危急情况，例如：

a．任何容量/测量功能的减少。

b．任何功能可见性和/或诊断能力的丧失。

c．系统或子系统的短时间中断，在任何 24h 内累积持续时间超过 2min，或在较长时间内重复发生。

d．阻止日常管理活动的访问。

e．降低维护或恢复操作的访问权限。

f．系统提供任何所需的关键或重大故障通知的能力下降。

g．与产品相关的客户故障报告显著增加。

h. 给客户沟通带来极大不便。

i. 导致非关键特性或子系统的大部分功能丢失,并且没有解决方法。

(3) 严重程度 C——次要

次要缺陷表示不会显著损害系统功能且不会显著影响对客户的服务。此级别表示惹恼客户的缺陷,但不妨碍从客户的角度全面使用系统、子系统、产品或关键功能,例如:

a. 影响产品/系统运行但对用户来说是可见的缺陷,这些缺陷往往会让客户感到烦恼。

b. 导致次要功能或特性无法运行、不受支持或不可靠的缺陷。

(4) 严重程度 D——轻微

轻微缺陷是客户不太可能注意到的缺陷,例如:

a. 导致次要功能或特性以客户不会注意到的方式不受支持或不可靠的缺陷。

b. 非关键用户界面/文档错误。

c. 对客户如何看待系统工作没有影响的缺陷。

明确客户影响使组织能够确定修复优先级、确定发布标准、评估风险并提高客户感知质量。客户影响矩阵旨在使质量体系与客户满意度保持一致,并结合上述的缺陷技术严重程度为客户影响分配分数,数值越大,客户影响越低,如表 6-1 所示。

表 6-1 客户影响矩阵

| 项 目 | 危急<br>严重程度 A | 重大<br>严重程度 B | 次要<br>严重程度 C | 轻微<br>严重程度 D |
|---|---|---|---|---|
| 热点客户缺陷 | 1 | 1 | 2 | 3 |
| 经常发生和庞大的客户群 | 1 | 1 | 2 | 3 |
| 经常发生和中等客户群 | 1 | 1 | 2 | 3 |
| 经常发生和小客户群 | 1 | 2 | 3 | 4 |
| 容易发生和庞大的客户群 | 1 | 2 | 3 | 4 |
| 偶尔发生和庞大的客户群 | 1 | 2 | 3 | 4 |
| 容易发生和中等客户群 | 2 | 3 | 4 | 4 |
| 容易发生和小客户群 | 2 | 3 | 4 | 5 |
| 偶尔发生和中等客户群 | 2 | 3 | 4 | 5 |
| 偶尔发生和小客户群 | 2 | 3 | 4 | 5 |
| 发生一次或很少发生以及任何规模的客户群 | 3 | 4 | 5 | 5 |

该表反映了客户遇到缺陷的频率、缺陷的严重性及该缺陷客户可见性对客户的影响程度。要评估客户体验，请回答以下问题：

这种情况在运营环境中多久发生一次？

经常发生：一天一次或多次。在产品生命周期中多次发生。

容易发生：反复发生。一个月可能发生一次到几次。

偶尔发生：在产品生命周期中可能发生不止一次。

一次/很少发生：极不可能发生。可能发生，但可能性很小。

哪些系统配置会出现这种缺陷？

庞大的客户群：>20%，受影响人群中 5 个客户不少于 1 个。

中等客户群：10%，受影响人群中 10 个客户大约有 1 个。

小客户群：<5%，受影响人群中 20 个客户不大于 1 个。

对于任何客户来说，这是一个热点的客户问题吗？

热点客户问题被定义为最高级别的严重性，引发最高级别的客户不满意，可能会使系统用户处于危险之中或使系统的主要功能不能正常使用。

客户影响矩阵中的表格提供了缺陷的客户影响级别，如表 6-2 所示。

表 6-2 客户影响矩阵

| 客户影响级别 | 结 果 |
| --- | --- |
| 1 | 会导致客户极度不满 |
| 2 | 可能会引起客户的不满 |
| 3 | 可能会引起客户的不满，应尽快修复 |
| 4 | 可能会被客户注意到，应该在下一个方便的版本中修复 |
| 5 | 不太可能引起客户的注意或不满。5 级缺陷通常不会被修复，开发资源应该用于更高优先级的缺陷或客户功能 |

注：必须在发布之前修复客户影响级别 1 和 2 的缺陷。

## 6.2 系统测试与验收测试

### 6.2.1 系统测试

系统测试也是一个测试级别，用于确保系统从功能和非功能的角度在与操作紧密相关的测试环境中运行。系统测试可在实际预期的运行环境中进行现场试验或在模拟器内进行测试（例如，测试场景是否危险或难以在运行环境中复现）。系统测试也测试系统许多非功能需求,例如性能需求、安全性需求等。在适当的情况下,还将与硬件组件(如传感器)的接口测试作为系统测试的一部分。

正如 James Whittaker 在《探索式软件测试》一书中所说:"除非在运行软件时使用真实的输入数据,否则会无济于事,这些缺陷仍然隐藏得很深。在系统测试和验收测试中,测试场景和测试数据越接近真实场景,测试效果越好,越有可能找出新的缺陷,测试效率越高。"

### 6.2.2 验收测试

一般来说,验收测试是最后一个测试级别,用于确定整个系统是否为客户所接受。在系统测试和验收测试阶段可以采用颗粒度较大的用例测试方法。用例测试是指为模拟系统行为提供事务性的、基于场景的测试。用例定义了参与者和系统之间为达到某种目的进行的互动。参与者可以是用户也可以是外部系统。测试可以从用例中推导出来,用例是用来设计软件项之间交互的一种特殊方式,包含了用例所代表的软件功能的需求。用例关联了参与者(用户、外部硬件、其他组件或系统)和对象(用例所应用的组件或系统)。

每个用例描述了对象可以与一个或多个参与者协作执行的一些行为。只要合适,用例可以用交互和活动来描述,也可以用前置条件、后置条件和自然语言来描述。参与者与对象之间的交互可能会触发对象状态的改变。交互也可以通过工作流、活动图或业务流程模型的图形表示。用户使用 ATM 取钱用例图如图 6-1 所示。这个例子中与用户相关的用例是"取钱"、"请求输入 PIN"和"吞卡",系统内的用例用椭圆来表示。用例之间可以是包含关系,也可以是扩展关系。用例"取钱"与用例"请求输入 PIN"是包含关系,用例"取钱"包含用例"请求输入 PIN",它们必须组合才能完成一个完整功能。而用例"请求输入 PIN"与用例"吞卡"是扩展关系,用例"吞卡"是用例"请求输入 PIN"的扩展,而扩展的用例不一定发生,是可选的。

用例测试一般被用于系统测试和验收测试级别。视集成水平高低也可以被用于集成测试,视组件的行为甚至还可以被用于组件测试。用例测试常作为性能测试的基础,因为它更接近系统的真实使用。用例中描述的场景有可能会被分配给虚拟用户来生成系统实际的负载。

用例必须与真实使用相吻合才能保证测试的有效性。这类信息应该来自用户或用户代表。用例如果不能精确地反映实际用户的行为就降低了用例的价值。精确定义不同的替代路径(流)对测试的覆盖率很重要。用例可以作为指导书,但不是完整的测试定义,因为它也许不能提供所有需求的清晰定义。在其他建模过程中用例也是非常有用的,比如从用例描述到画出流程图、从用例描述到改善测试的正确性以及对用例本身的验证等。

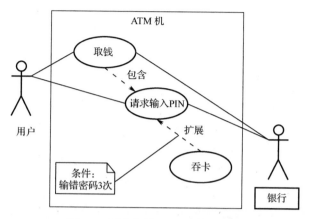

图 6-1　用户使用 ATM 取钱用例图

用例包括其基本行为的可能变化、异常行为和错误处理(系统对编程、应用和通信错误的响应和恢复,如触发错误消息)。设计的测试是为了验证已定义的行为(基本的、异常的或替代的,以及错误处理)。

用例的最小覆盖为:每个基本流(正向)一个测试用例,每个备选流一个测试用例,备选流包括例外和失效路径,备选流有时也表示为基本流的扩展,如图 6-2 所示。覆盖率为测试的路径除以基本流和备选流的和。覆盖范围可以用已测试的用例行为除以总的用例行为进行测量,通常用百分比表示。

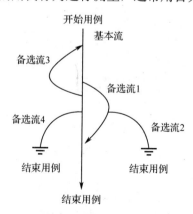

图 6-2　基本流和备选流

该技术发现的缺陷包括定义的场景处理不当、错过的备选流处理、现有条件下处理不正确或处理不恰当或不正确的错误报告。

以上介绍的主要是功能测试。功能测试主要根据产品业务需求、产品行业特征、模拟用户操作方式来测试一个产品的特性以确定它们是否满足用户需求。性能测试则是通过某种特定的方式对被测系统按照一定的测试策略进行施压,获取该系统的响应时间、运行效率、资源利用情况等各项性能指标,来评价系统是否满足用户性能需求的过程。即功能测试用于确保软件系统做了正确的事情,性能测试则用于确保软件系统快速地完成任务。

在功能测试中会发现功能缺陷,其严重程度可能为低、中和高。缺陷的症状表现为软件没有做它应该做的事情,计算出了错误的结果,或用户看到信息的位置错误等。缺陷的原因是功能的编码错误。经过分析后得出的根本原因是开发者没有正确理解用户的意思,或者由于疏忽或匆忙而造成缺陷。可以通过正常使用软件,根据测试人员的经验或需求定义来发现缺陷。

在性能测试中可能发现性能缺陷,其严重程度通常为中等。缺陷症状可能表现为软件速度比应该的要慢。缺陷的原因为部分代码工作效率低下或完全错误,设置也有可能是错误的,软件有可能尝试做些不必要的事情,而这需要花费时间。缺陷的根本原因是在编码时没有考虑性能。开发人员可能不了解编码环境的所有可能性,或无法访问软件的其他部分。测试人员可以通过一个用户或多个用户在同一时间正常使用软件来进行测试,通常会用性能测试工具进行测试,需要测试速度,也就是响应时间。开发人员修改代码中工作缓慢的部分,修复后再次测试速度。

## 6.3 软件测试实践

### 6.3.1 集成测试之自动化执行

下面将以实际的数字集群通信系统为例,介绍一种自动化测试执行工具。数字集群通信系统广泛应用于公共安全、交通运输、能源和物流等领域。数字集群通信系统作为一种为无线用户提供语音和数据服务的通信系统,在各行各业的指挥调度中发挥了重要作用。数字集群通信系统概述图如图 6-3 所示。

图 6-3 中的区域控制器(Zone Controller,ZC)作为数字集群通信系统中的核心组成部分,提供组呼、单呼和电话互联互通的呼叫处理服务。区域控制器的测试对确保整个数字集群通信系统正常运行起着不可或缺的作用,其主要组件有

40 多个，文件数量有 13 000 多个，实现代码超过 95 万行。

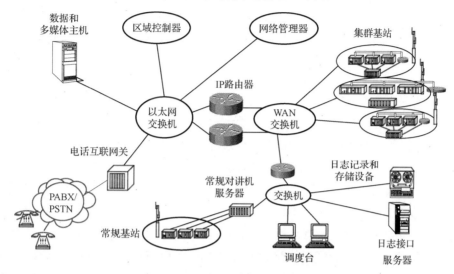

图 6-3　数字集群通信系统概述图

区域控制器的自动化测试平台 GLS（Generic Link Simulator）是通用链路模拟器的缩写，是一个专门为了仿真基于消息协议的通信设备而设计开发的测试平台，如图 6-4 所示。

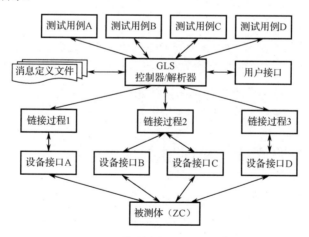

图 6-4　自动化测试平台 GLS 概述图

由图 6-4 可见，自动化测试平台 GLS 由链接过程、消息定义文件（MDEF）、测试用例等组成。链接过程仿真其他连接到区域控制器的系统组件的较低协议层，维护已建立的链接，并作为 GLS 测试用例与区域控制器间的接口。链接过程支持手动启动或终止，也支持全自动或半自动启动或终止。链接过程参数和特性由配置文件管理，比如 IP 地址、端口号、缓存和变量等。每个配置文件都可看作一个链接过程的可能的实例。消息定义文件包含了消息定义及消息在链接中发送和接收的初始值。每个链接过程都有一个与之相对应的消息定义文件。

作为自动化测试中的重要组成部分之一的自动化测试脚本，主要分为两类：模块化脚本和共享脚本。模块化脚本类似于结构化程序，含有控制脚本执行的指令。优点是健壮性好，可通过循环和调用减少工作量；缺点是脚本较复杂且测试用例"捆绑"在脚本中。共享脚本指脚本可被多个测试用例使用，一个脚本可被其他脚本所调用。使用共享脚本可节省脚本生成时间和减少重复工作量，当重复任务变化时只需少量修改。共享脚本的优点在于用较少开销即可实现类似测试，维护开销低于模块化脚本，能删除重复并可增加智能。缺点是需跟踪更多脚本，给配置管理带来困难，对每个测试仍需定制，测试脚本维护费用高。

GLS 测试脚本综合了模块化脚本和共享脚本的优势，既支持控制脚本执行的指令，健壮性好，可通过循环和调用减少工作量，又支持脚本间的相互调用，可节省脚本生成时间和减少重复工作量，当重复任务变化时只需少量修改。ZC 的每个测试用例对应着一个用户场景，每个 GLS 测试脚本对应着相应的消息序列。测试脚本可以调用其他的脚本文件，并支持并行调用。而且 GLS 测试脚本可以用来配置及测试被测体，还可以组成测试集。测试集一般由测试相同或相近功能的测试脚本组合而成。

大型软件系统有大量的较复杂的功能点需要测试，单纯采用传统的手动测试已变得不合时宜了。必须引入自动化测试，并且需要大量的测试用例来检验被测体的有效性，例如区域控制器测试项目就有 4000 余个测试用例。测试用例的有效创建、重用和维护是自动化测试中关键的环节。

## 6.3.2　系统测试之内存测试

下面将以实际项目为例，介绍性能测试的工具及其应用。在集群系统中，电话互联网关（Telephone Interconnect Gateway，TIG）作为实现对讲机与电话互联互通的网关，提供数字集群通信系统与外部程控交换机（Private Automatic Branch Exchange，PABX）之间的语音编码，支持数字集群通信系统内的对讲机与外部电话之间通信（参见图 6-3）。

内存是计算机/服务器的重要部件之一，是与 CPU 进行沟通的桥梁。计算机中所有程序的运行都是在内存中进行的。内存的运行也决定了计算机的稳定运行，因此内存的性能对计算机的影响非常大。内存包括物理内存和虚拟内存。物理内存是指存储区映射到实际的存储芯片，提供最快的访问速度。虚拟内存是指操作系统可以使用外部存储器（硬盘等）来存储数据。

内存测试主要是通过测试判断程序有无内存泄漏现象。内存泄漏是指用动态存储分配函数动态开辟的空间，在使用完毕后未释放，结果导致一直占据该内存单元，直到程序结束。内存泄漏可形象地比喻为"操作系统可提供给所有进程的存储空间正在被某个进程榨干"，结果是程序运行时间越长，占用存储空间越多，最终用尽全部存储空间，导致整个系统崩溃。由此可见，内存泄漏的后果相当严重，因此通过内存测试来检测内存泄漏十分重要。

内存泄漏发生在当程序可用的内存区域（RAM）被该程序所分配，但是程序不再使用后内存没有得到释放的情况下。这块内存区域被分配了但是不能再重用而遗留下来。当这种情况频繁发生或发生在本来就只有较少内存情况下，程序可能会耗尽可用的内存。任何动态分配的内存区域必须在正确的范围内进行释放，以避免内存泄漏。许多现代的编程环境包含自动或半自动的"垃圾回收"机制，在这种机制中，所分配的内存可以在不需要程序员直接干涉的情况下得到释放。当现有分配的内存由自动垃圾回收进行释放时，隔离内存泄漏可能变得非常困难。

内存泄漏造成的问题可能是逐渐生成的。例如，如果软件是最近安装的或者系统被重启，那么内存泄漏的情况可能不能立即显现，而这种情况（指使用新安装的软件或在重新启动后的测试）在测试中经常发生。由于这些原因，往往当程序到了上线的时候，内存泄漏的负面影响才可能被注意到。

内存泄漏的症状是系统响应时间的不断恶化，最终可能导致系统失效。虽然这种失效可以通过重启系统来解决，但是重启并不总是有用的，甚至有时是不可能的。

在数字集群通信系统中最常见的是隐式内存泄漏：程序在运行过程中不停地分配内存，但是直到结束的时候才释放内存。严格地说这里并没有发生内存泄漏，因为最终程序释放了所有申请的内存。但是对于一个服务器程序，需要运行几天、几周甚至几个月，不及时释放内存也可能导致最终耗尽系统的所有内存。所以，这类内存泄漏称为隐式内存泄漏。

隐式内存泄漏的危害在于内存泄漏的堆积，这会最终耗尽系统所有的内存。从这个角度来说，一次性内存泄漏并没有什么危害，因为它不会堆积；而隐式内存泄漏危害性则非常大，因为它更难被检测到，所以测试环境和测试方法对检测内存泄漏至关重要。

目前，内存测试方法有以下三种。

第一种方法是使用EPO（Enhanced Performance Optimized）工具，它是一种由C、Perl和Unix shell等语言开发的工具，能捕捉内核性能统计数据并存储在一个圆罗宾数据库（RRDtool）中，从而生成内存使用图。该方法适用于Linux系统。

一旦数据被EPO工具获取，就能利用数据画出内存消耗图。这种方式能容易地获得一个清晰的、实时的内存使用情况。

EPO的主要功能包括：

- 如果过程中一个子函数失败，则告知用户。
- ANOVA（方差分析）。
- 贝叶斯分析。
- 找到硬件的限制，如存储限制等。
- 创建一个内存使用图。
- EPO工具的数据流（见图6-5）。
- 所有数据由epo_se服务从内核提取并存储于XML文件。
- epo_se2rrd导入数据到epo.rrd文件。所有的统计都基于epo.rrd文件中的数据。

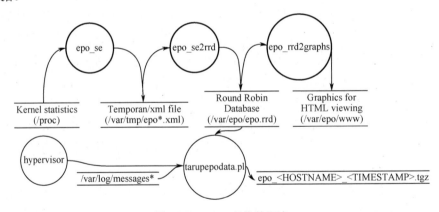

图6-5　EPO工具的数据流

第二种方法是使用GetMem工具。EPO工具的缺点是它只能表明系统级的内存消耗，如何定位到是哪个进程发生了内存泄漏是个问题。由此引入了一个新的工具——GetMem，该工具可以显示应用或进程级的内存消耗。GetMem工具由Perl脚本分析Linux PMAP数据文件pmap.out从而得出内存的使用情况。Linux PMAP命令可由进程号得到这个进程号对应进程的内存映射。图6-6是GetMem部分脚本。

第三种方法为vSpherePM工具。前面两种工具能支持系统级和进程级内存测试,但不能很好地支持超长时间的内存测试。如果想进行超长时间的内存测试,就需要引入其他工具。作为全新的性能监测工具,vSpherePM 只需安装到一台 Linux 的服务器上,就能实现同时对多个系统中多台 VMware ESXi 服务器进行长时间的监控,将收集的性能数据进行分析,生成相应的图表和错误报告,同时将错误报告以警报的方式发送给错误管理器,以便系统管理员实时监控系统中每台服务器的性能状态,及时采取必要措施。

```perl
#!/usr/bin/perl
use strict;
…
system ("$PS -eo 'pid=' | $XARGS $PMAP -x | $TR -d '[]' > $PMAP_FILE" );
open ( PMAP_LISTING, $PMAP_FILE ) or die "Cannot read $PMAP_FILE";
while ( $line=<PMAP_LISTING> )
{
    chomp($line);
    @data=split(/\s+/, $line);
    if( $data[0] =~ m/^\-+/ || $data[0] =~ m/Address/ || $data[0] =~ m/total/)
    {
        # Filter junk lines
    }
    elsif ($data[0] =~ m/(\d+):/ )
    {
        $procid = $1;
        $process = $data[1];
        if( $data[1]=~/\/(.[^\/]*)$/)
        {
            $process=$1;
        }
……
```

图 6-6　GetMem 部分脚本

此工具可用于跟踪和记录远程 Unix、Linux、SunOS 等的性能变化,其原理图如图 6-7 所示。它的主要用途如下:

- 监控服务器的内存状态。
- 总体的物理/虚拟内存状态。
- 关键过程的物理/虚拟内存状态。
- 根据测试报告中的实时数据生成图表。

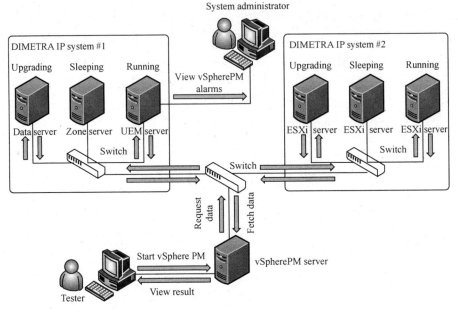

图 6-7 vSpherePM 原理图

三种工具的比较如表 6-3 所示。

表 6-3 三种工具的比较

| 工具名称 | 数据源 | 优点 | 缺点 |
| --- | --- | --- | --- |
| EPO | /proc/meminfo | 能够画出内存消耗图；得出清楚的系统内存使用情况 | 只能生成系统级的结果 |
| GetMem | Linux：/proc/meminfo 文件 | 易于使用；轻量级，可嵌入测试用例中使用；生成进程级的数据 | 不支持超长时间的内存测试 |
| vSpherePM | VMware ESXi 服务器 | 支持超长时间的内存测试 | 需要在 VMware ESXi 环境下使用 |

每一种工具都可以重复进行回归测试。然而，单一工具都有其局限性，在某些特定情况下不能及时发现内存的异常消耗。为了提高测试效率，软件测试工程师可以根据实际情况灵活使用这些工具。

基于以上三种工具的特性，提出了一种新的内存测试方法。测试开始用 EPO 工具获得系统级内存信息。如果发现系统级内存泄漏，通过 GetMem 检测重点怀疑的某些进程的内存信息。如果发现某线程内存泄漏，定位引发该问题的代码并解决问题。如果前面的测试都没发现内存泄漏，可以通过超长时间测试工具 vSpherePM 来发现隐藏的细微的内存泄漏。这种方法基于上述三种工具的优点，是一种切实可行的方法。新方法流程图如图 6-8 所示。

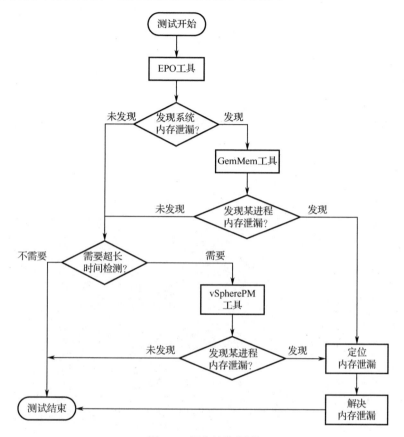

图 6-8 新方法流程图

新方法的创新与价值在于：

（1）超长时间连续的性能监控。即使被监控的服务器重启、关机，甚至重装，都不影响该方法对其状态的监控，一旦服务器正常运行，新方法就会继续获取性能数据，无须重启。支持超过 48 天的长时间测试。

（2）覆盖范围广，可以同时对多达 70 台的 VMware ESXi 服务器，超过 400 台的虚拟机进行监测。不仅仅局限于数字集群通信系统，还可以对所有基于 VMware ESXi 的服务器进行监测。

（3）帮助测试人员快速发现系统问题，定位问题原因。

（4）数据智能分析，发现潜在的系统问题，并向错误管理器发送报警信息。

在下面的测试实例中，通过观察总体的和关键进程的内存数据来判断是否存在内存泄漏问题。如果内存使用大小在测试过程中随时间增长，那么系统极有可能隐藏着内存泄漏问题。

为了模拟公共安全系统的真实应用场景，测试步骤为：
- 同时拨打 60 路对讲机与电话通话，采集系统内存信息。
- 每次通话持续 1min。
- 取消所有的通话。
- 重复以上步骤多次。
- 比较这个过程中系统内存的使用情况。

系统级测试结果如图 6-9 所示。由图可见，系统的内存消耗持续增加，系统出现了明显的内存泄漏。

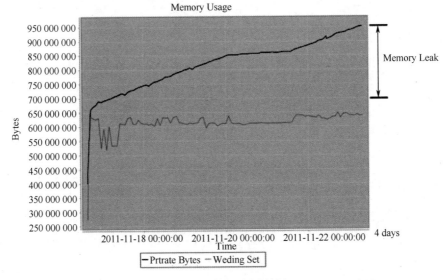

图 6-9　系统级测试结果

在呼叫期间，系统的电话互联网关成为测试重点。而电话互联网关中的媒体网关（Media Gateway，MG）会经历分配/释放大量内存的过程，因此测试人员将测试重点进一步锁定为 MG。重复之前的测试步骤，通过 GetMem 工具采集进程内存信息，比较这个过程中 MG 的内存使用情况。

图 6-10 显示了 40h 内 MG 物理内存的变化。由图可见，MG 的物理内存持续增长，发生了明显的内存泄漏。

测试发现，MG 进程不仅在通话结束后没有返回到原来的内存使用量，而且随着时间推移还不断增加。

如果进行较长时间的性能测试，则可能检测到微小的内存泄漏。通过这种新方法可以监控所有进程中潜在的内存泄漏风险。在另一个测试实例中，经过长达 12

天的连续测试，发现系统虚拟内存存在持续微小增长，进而经过长达 48 天的超长时间连续测试定位到是 TIG 中 CMA 进程存在内存泄漏。

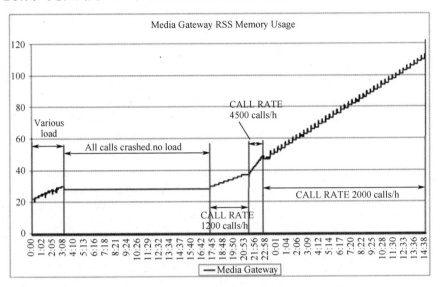

图 6-10　进程级测试结果

由此可见，用该方法进行内存测试很有效。适当的测试场景和工具能大大地提高测试效率。检测到内存泄漏之后，可以选择通过使用 Valgrind、Mtrace 或 Klockwork 等工具来帮助定位引起内存泄漏的代码段并解决该问题。图 6-11 是内存泄漏问题解决后长期测试图，可以看出内存保持稳定。

小结一下，内存泄漏的严重程度通常为中等。缺陷症状表现为电脑运行速度变慢，直到完全无法工作，然后关机。缺陷的原因为软件应用而保留的内存在使用结束后没有被释放。经过分析后发现，根本原因是开发人员没有仔细、谨慎地释放内存。通过这样的测试活动可以发现内存泄漏，在使用软件时可测量已使用的内存。如果使用的内存量一直在增加，则可能存在内存泄漏。开发人员可以通过逐行运行代码，直到找到需要修复的位置。内存可用一段适当的代码进行释放，从而修复该缺陷。

测试实践表明：根据具体的测试目的和环境，可以灵活地选择测试方法进行内存测试。测试人员可为新功能设计并执行专用的性能测试来发现潜在的内存泄漏问题，并且在负载较大情况下运行长期试验以查看是否有任何明显的或者细微的内存泄漏。总之，新方法在测试工作中已被证明是可行的和非常有益的，测试人员可以根据自身情况使用和部署。

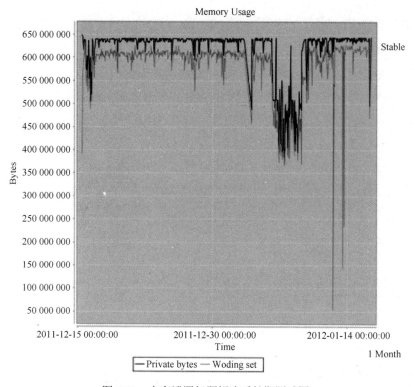

图 6-11 内存泄漏问题解决后长期测试图

## 6.3.3 验收测试之语音传输质量测试

在数字集群通信系统中，实时语音首先被封装在传输层实时传输协议（Real-time Transport Protocol，RTP）中，再封装在 IP 分组中并在网络中进行实时流式传输。实时语音流的传输时延、抖动、丢包率等性能指标直接反映通信系统的语音传输质量，决定着集群通信系统是否满足公共安全领域对语音传输的要求。因此上述指标是用户最为关心的关键性能指标。现阶段集群通信系统的语音传输质量测量分析面临以下难题：

（1）需要支持解析多种网络协议及语音编解码模式。

（2）数百路实时语音流分析。

（3）上百万次计算语音分组的时延、抖动和丢包率等网络参数。

（4）测试场景繁多。

（5）语音分组通过系统语音网关时，编码格式被转换，造成语音分组的延迟数值获取不精确，甚至无法获得。

为了提高精度及解决失效问题,通过分析通信系统构架和语音编解码协议,提出一种支持不同语音编解码模式的网络实时音频服务质量(QoS)性能分析的新方法。该方法支持同时分析处理 240 路语音流,近 40 万个的数据包,并能在 1min 内得到准确分析及统计结果,有效地支持语音 QoS 性能分析。

在传输实时音频数据的通信网络中,QoS 性能关键指标主要包括语音传输时延、抖动和丢包率等。下面将从这三个方面进行简要叙述。

时延指一项业务从网络入口到出口的平均经过时间。为了实现高质量语音和视频传输,网络设备必须保证较低的时延。

作为数字集群通信系统中实现对讲机与电话互联互通的网关,电话互联网关(Telephone Interconnect Gateway,TIG)提供数字集群通信系统与外部程控交换机(Private Automatic Branch Exchange,PABX)之间的语音编码及系统内的对讲机与外部电话之间的通信。TIG 主要由媒体网关(Media Gateway,MG)和信令网关(Signaling Gateway,SG)两部分组成。MG 主要控制实时音频处理,支持全双工实时传输协议(RTP)音频流通信及音频声码器类型转换[60ms 代数码本激励线性预测编码(Algebraic Code Excited Linear Prediction,ACELP)与 20ms 脉冲编码调制(Pulse Code Modulation,PCM)的相互转换]。信令网关 SG 发送控制消息 START_PROCESSING_IND 控制 MG。

以上行链路(即从对讲机到程控交换机方向的链路)为例,该网关对语音传输时延要求为:平均语音传输时延小于 66ms,最大音频时延小于 93ms。其计算公式如下:

$$t_{upd} = t_{jb} + t_{frame} + t_p \tag{6-1}$$

式中,$t_{upd}$ 表示上行链路语音传输时延;$t_{jb}$ 表示抖动缓冲时延;$t_{frame}$ 表示帧时延;$t_p$ 表示处理时延。平均值和最大值由以下几部分计算得来:35ms 的抖动缓冲时延;0~53.33ms 的帧时延;4ms 的处理时延。

抖动表示部分音频信号的相对时间位移。抖动主要是由于业务流中相继分组的排队等候时间不同引起的,是对服务质量影响较大的因素之一。

TIG 对抖动在上行链路和下行链路的要求相同:抖动都应小于 5ms。TIG 实现了抖动缓冲,用于上行链路和下行链路音频流。在呼叫会话中的第一个音频数据包发送后,每隔 60ms TIG 将双 ACELP 音频数据包发送到对讲机。在呼叫会话中的第一个音频数据包发送后,每隔一个时间间隔 P 将 PCM 音频数据包从 TIG 发送到 PABX,其中时间间隔 P 可以是 5~60ms 的任意值,步长为 5ms。其计算公式如下:

$$P = t_{jb} + t_{frame} + t_p \tag{6-2}$$

式中，$P$ 表示时间间隔；$t_{jb}$ 表示抖动缓冲时延；$t_{frame}$ 表示帧时延；$t_p$ 表示处理时延。

丢包是指通信数据包的丢失现象。数据在通信网络上是以数据包为单位传输的，每个数据包中有表示数据信息和提供数据路由的帧。丢包率（Packet Loss Rate）是指测试中所丢失数据包数量占所发送数据包数量的比例。计算公式如下：

$$\text{loss} = \frac{N-M}{N} \times 100\% \quad (6-3)$$

式中，loss 表示丢包率；$N$ 表示输入包数量；$M$ 表示输出包数量。

TIG 要求在一定的容量条件下，任何负载的丢包率不超过 $1 \times 10^{-6}$。如果发送音频数据包时收集不到足够的音频，音频数据包丢失的部分将以"静默"的形式发给 PABX 或以零（0）流的形式填充并发给对讲机，这会引起部分音质的降低。

Wireshark 是现阶段业界使用最广泛的网络协议分析器之一，其优点包括易用的 GUI、支持多种协议及支持插件开发等。开发和测试人员可以利用其在微观层面了解网络情况，调试网络协议实现细节，检查安全问题及网络协议内部构件等。

下面以 RTP 协议为例，简要介绍 Wireshark 如何测量语音传输时延、抖动和丢包率等指标。如图 6-12 所示，利用其抓包、过滤及分析功能，通过 RTP 菜单的"Stream Analysis"选项即可看到时延大小和是否发生丢包及时延是否稳定。其中，抖动可以通过"Delta"的值来衡量，Delta 是相邻两个语音包的间隔值或时延。因为网关发送媒体包时的打包间隔是固定的，所以在没有抖动的情况下，接收侧网关收到的媒体流的 Delta 应该是一个定值。当有抖动时，Delta 的值会随着抖动而变化。丢包率则可以直接通过丢包数量及比率直接获得。由图 6-12 可知，时延在 0～2ms 区间内，并且存在抖动和丢包情况。

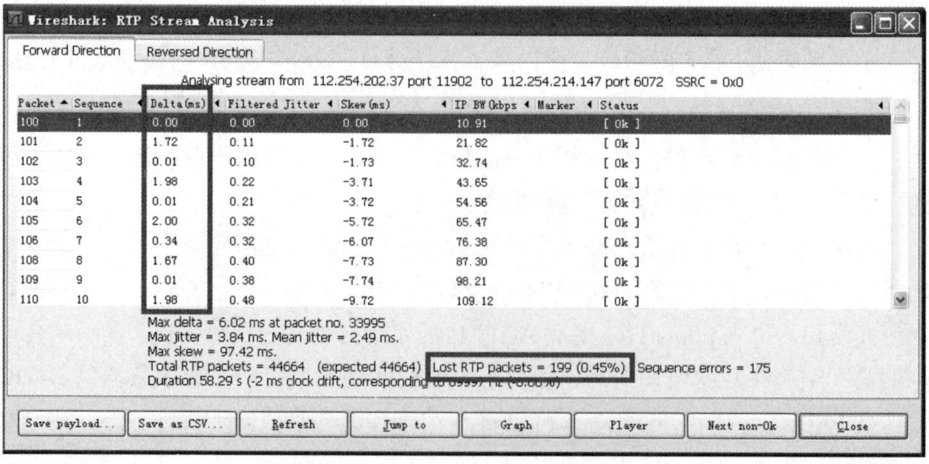

图 6-12　Wireshark 分析性能指标

但是 Wireshark 不能如图 6-12 所示测量 TIG 的语音传输时延、抖动和丢包率等指标，原因是 TIG 网关内外网采用不同的编码方法，外网编码采用电信标准如 G.711 A 率或 G.711μ 率，而内网采用 ACELP 编码格式。内外网采用不同编码方法的原因是内外网的带宽不同：内网是有限带宽的无线网络，频率资源相当紧张，因此采用编码速率较低、所需带宽较低（8kbit/s）的 ACELP 编码方式；外网是带宽相对较宽的有线通信网络，因此采用 G.711 编码方式，每个信道带宽为 64kbit/s，可以同时传输 32 路语音，总带宽为 2Mbit/s。

由于 Wireshark 不支持分析测量 TIG 语音性能指标，现有测量方法是在测试用例中调用 tcpdump 命令，将网络传送的数据包截获下来，并用 Perl 脚本分析。下面以 TIG 测试时延为例具体说明，具体步骤如图 6-13 所示。Perl 脚本通过关键字匹配发现首发音频数据包，再进一步发现同步源标识符（Synchronous Source Identifier，SSRC），因为 TIG 使用 SSRC 作为 RTP 数据包的源来识别每个 RTP 数据包，提取并保存时间戳，并作为输出时间。同理通过文本匹配找到输入时间，计算出传输时延。

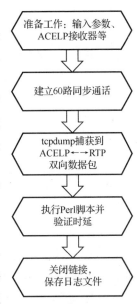

图 6-13 现有方法测试时延步骤

由于验证 QoS 性能的工作主要由 Perl 脚本完成，因此 Perl 脚本即为该方法的关键。作为一种功能丰富的计算机程序语言，Perl 集合了 C、sed、awk 及 Unix shell 等语言的优点，特别适合应用于文本处理、正则表达式和系统管理方面。但是 Perl 语言又有可维护性较差及性能较低等缺点。另外，Perl 处理性能相对 C/C++较低，高性能的处理需要使用其他语言重写。

通过使用现有方法，项目团队发现其存在下面一些不足：

（1）现有方法程序可读性和可维护性存在较大的问题。

（2）测试丢包率需要大量的音频数据包，Perl 脚本实现丢包率的检测效率较低。

（3）最大问题是在呼叫建立之后，语音网关会自发地在输出端发送静默的语音分组，使得按序匹配输入端与输出端的语音分组并计算时延的现有算法不再成立。

基于上述原因提出了网络实时音频 QoS 性能分析新方法——Audio Packet Measure Tool（APMT）。该方法主要解决了两个问题：①语音在传输过程经过不同编码的情况下，如何精确测量端对端的语音时延；②语音在传输过程经过不同的编码，编码长度不同（分别为 60ms ACELP 与 20ms PCM），输入语音分组与输出语音分组采用不同的编码格式时,如何精确测量丢包率。

APMT 是一个专业的网络语音传输质量分析软件,支持网络数据日志文件自动化分析,生成精确而详细的分析结果。APMT 原理框图如图 6-14 所示,输入数据经过被测系统得到输出数据,然后进入 APMT 系统进行分析处理(根据测试场景,系统自动匹配分析模式;从可扩展模型库中自动选择处理模型;系统分析各项性能指标),最后输出性能评估报告。

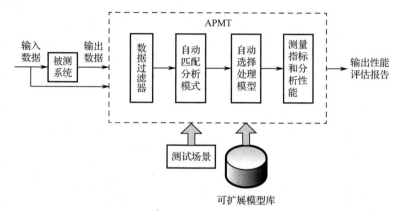

图 6-14　APMT 原理框图

APMT 具有以下功能:

(1)解析 RTP 以及多种网络协议,提取呼叫信息。

(2)精确计算多种测试场景下的语音时延、抖动与丢包率等网络参数。

(3)解决 IP 分组语音编码格式转换测试场景下,语音时延获取不精确的问题,得到了精确的语音传输时延测试结果。

(4)支持 ACELP、基于低迟延码激励线性预测的压缩标准 G.728、主流的波形音频编解码器 G.711 μ-Law(主要用于北美和日本)和 G.711 A-Law(主要用于欧洲)多种语音编码格式的解码,绘出语音信号波形图并提供缩放功能。

(5)提供图表展示的统计结果,并支持缩放、打印功能。

(6)提供可视化分析的操作。

针对语音网关语音编码模式转换问题,APMT 方法提出并实现了一种语音时延测试解决方案。语音网关的输入语音分组与输出语音分组分别采用不同的编码格式,并且语音分组长度也不相同。通信系统内部所用语音编码格式为 ACELP 或 G.728,外部语音编码格式为 G.711 A-Law 或 G.711 μ-Law。因为输入端的语音数据无法在输出端直接匹配,所以无法通过直接对比输入与输出语音原始数据的方法获得语音通过网关的传输时延。

现有的解决方案是：利用两端 IP 语音分组中协议头部的序列号字段按顺序比较输入端与输出端的分组的时间戳（ACELP 语音流序列号从 32 开始，PCMA 语音流序列号从 0 开始）得到时延，如图 6-15 所示。

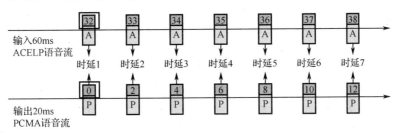

图 6-15　现有方法计算时延

经过分析和项目实践发现，现有方案的问题是：在呼叫建立之后，语音网关会自发在输出端发送静默语音分组，使按顺序匹配输入端与输出端的语音分组并计算时延的算法不再成立。如果继续采用此方案，在实际测试中往往会得出语音传输时延为负数，这显然是不合理的。针对现有方法存在的问题，APMT 方法提出了新的解决方案：基于音频（声码）识别技术，对比输入端语音指纹和输出端的指纹，得到有效语音测试信号的起点，精确给出每个语音信号语音网关输入和输出的绝对时间，通过计算输入、输出时间差值便可精确得出语音时延，如图 6-16 所示。

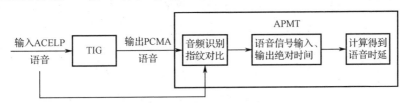

图 6-16　APMT 方法测量时延

测量时延是测量抖动的基础，只有精确地测量出时延才有可能精确地得出抖动。所以 APMT 方法提出并实现了语音时延测试解决方案，不仅解决了语音时延精确测量问题，而且提高了抖动的测试精确度。

丢包率的测量在 QoS 性能分析过程中既是重点也是难点。在现有的测量方案中尚未找到一种有效的测量丢包率的方法。APMT 通过对控制信令的分析，得到语音包组合和拆分的准确情况，并且通过 RTP 头部序列号连续分析得到精确丢包率。由 Start_Processing_IND 分配的源套接字和目标套接字来跟踪匹配的输入音频流和输出音频流。另外，在无丢包情况下，RTP 头部的序列号应该是连续递增的，如果出现不连续的序列号就说明有丢包，由此来计算丢包率，如图 6-17 所示。

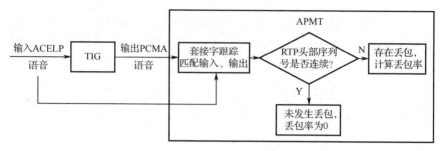

图 6-17 APMT 方法测量丢包率

为了高效地测量音频性能指标,设计的性能测试场景如图 6-18 所示。测试控制器控制测试用例管理器,同时并发 240 路分组通话,每路通话语音由音频仿真器产生一段静音再加一段脉冲模拟真实通话场景,并循环往复,共计近 40 万个的语音数据包。语音数据通过被测网关转码及处理后,利用 Wireshark 工具在交换机端口上获取语音数据包,再通过 APMT 分析该数据包,比对输入和输出脉冲起点得到测试时延、抖动及丢包率等性能指标报告及测试分析结果。

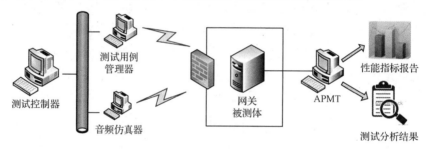

图 6-18 性能测试场景

进入电话互联网关的输入是采用 ACELP 编码的语音波形信号,输出是从电话互联网关经过语音编码转换为 G.711 编码格式的语音信号波形,输出语音对应输入语音存在一定的时延。有效语音测试信号波形起点对比如图 6-19 所示,APMT 能够精确地给出每个语音信号语音网关输入和输出的绝对时间,通过计算对应的有效信号起点的输入、输出时间差值便可得到精确的语音时延。通过计算,该时延为 38ms,小于需求规定的系统上行链路平均音频时延(不超过 66ms),因此满足性能需求。

在图 6-19 所示的测试场景中,随机提取其中一段连续的 10 000 个语音数据包做性能指标分析,结果如表 6-4 所示。上行链路的语音数据包平均时延为 40ms,抖动不大于 4ms,这两个指标均满足系统性能需求。但是语音数据包丢包率为 $1\times10^{-2}$ 数量级,远大于系统规定的丢包率上限 $1\times10^{-6}$,未能达到性能指标要求。

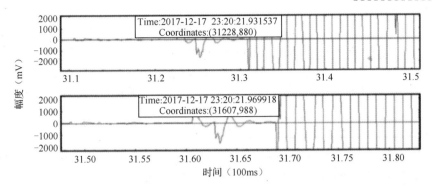

图 6-19 有效语音测试信号波形起点对比

表 6-4 性能指标分析结果

| 序 列 号 | 时延（ms） | 抖动（ms） | 丢 包 率 |
|---|---|---|---|
| 1 | 40 | 0 | 2.54700% |
| 2 | 41 | 1 | 2.04439% |
| 3 | 38 | 0 | 0 |
| 4 | 39 | 0 | 0 |
| 5 | 40 | 1 | 2.82080% |
| 6 | 40 | 0 | 0 |
| ⋮ | ⋮ | ⋮ | ⋮ |
| 9992 | 40 | 2 | 1.95531% |
| 9993 | 38 | 0 | 0 |
| 9994 | 41 | 1 | 0.16447% |
| 9995 | 40 | 0 | 0 |
| 9996 | 41 | 0 | 1.73767% |
| 9997 | 42 | 2 | 2.19348% |
| 9998 | 42 | 0 | 0 |
| 9999 | 39 | 1 | 1.55383% |
| 10000 | 38 | 0 | 0 |
| 均值 | 40 | 1 | 1.11173% |
| 最大值 | 44 | 4 | 3.34635% |

基于上述提到的 Wireshark 分析方法、tcpdump & Perl 方法、APMT 方法，针对集群通信系统实时音频 QoS 性能测试场景进行了比较，如表 6-5 所示。

177

表 6-5　三种方法比较

| 项　目 | Wireshark 分析方法 | tcpdump & Perl 方法 | APMT 方法 |
|---|---|---|---|
| 时延 | 不支持编码格式转换场景 | 不准确，某些场景失效 | 测量精度提高，支持十多种测试场景 |
| 抖动 | 不支持编码格式转换场景 | 不准确，某些场景失效 | 测量精度提高，支持十多种测试场景 |
| 丢包率 | 不支持编码格式转换场景 | 未涉及 | 测量精度提高，支持十多种测试场景 |
| 可视化 | 支持 | 不支持，命令行界面 | 支持，图表统计呈现，结果直观 |

由此可见，APMT 方法能精确获取语音网关的语音传输时延及抖动，并且第一次实现了丢包率的准确测量和统计，具备以下优势：

（1）一键自动化分析，图表统计呈现，操作简单，结果直观。

（2）适用于十多种测试场景下的语音时延、抖动及丢包率等性能参数的计算。

（3）APMT 已用于集群通信系统的性能测试，并有效帮助开发和测试人员在海量数据中发现隐蔽的缺陷，自动化完成语音性能分析。

综上所述，APMT 是一种监控网络实时音频服务质量（QoS）性能的新方法，实现了传输时延、抖动和丢包率等重要性能指标的分析与处理。该方法可以较大程度地提高性能测试效率，改进了传输时延、抖动的测量方法，提高了测量精度，并首次实现了音频数据丢包率的测试和度量，有效地支持语音 QoS 性能分析。该方法可以在其他网络实时音频测试环境中重用和推广，特别是语音编码模式存在转换的场景。在今后的工作中，将继续扩展和提升该方法，比如提供更友好、更人性化的图形界面，提供自动化报警功能；与现有的自动化测试平台融合，更高效地进行性能分析，实现质量的持续改进。

## 6.3.4　基于虚拟化容器技术的自动编译测试

较大规模和较高复杂度使软件开发、测试及运营维护变得更加困难，软件企业及项目团队经常会遇到下面的一些问题，严重制约了软件研发效率的提升及软件产业的进一步发展：代码提交结果较长时间不可见；分析构建失败耗时较多；开发与测试脱节；管理层与开发、测试脱节。

为了解决上述问题，提出一种基于虚拟化容器技术的自动编译测试新方法。该方法在持续集成的环境基础上构建软件全生命周期自动化环境，实现适合大规模软件安装部署的容器技术，并向团队提供测试框架、大数据分析解决方案及基于云的可视化质量管理平台。

该方法基于自动化原理，首先明确自动化的目标，然后制定策略、确定方案，明确采用的技术及工具。自动化过程可使开发人员更关心软件的逻辑而不用与复杂的配置打交道。自动化也是提高可测试性、一致性、稳定性、部署频率和达到持续交付的核心。经调查,软件企业对自动构建、自动部署、自动监控、自动测试等方面关注度较高。

自动化是自动编译测试首先要完成的工作,也是效率提升最直接的抓手,需要重点关注构建、测试的自动化。以构建自动化为例,实现自动化的大致步骤如下:构建工具和架构成型→开发人员能方便使用→实现快速构建成功→失败构建逐渐减少→人工构建工作减少→减员增效。

基于虚拟化的容器技术,有效减少了大规模软件安装、部署、配置及升级等引入的大量重复性工作。容器是轻量级的虚拟化组件,以隔离的方式运行应用负载。它们运行自己的进程、文件系统和网络栈,这些资源都是由运行在硬件上的操作系统虚拟出来的。容器为开发、测试团队提供一致的环境,避免因为环境不统一产生的缺陷误报。开发人员可以很容易地通过容器镜像复现测试人员和客户报来的缺陷。利用容器还可以避免环境污染和批量快速地启动多个测试环境进行并行测试来提高测试效率。容器能够用新颖的方式验证软件安装。通过自动化解决方案,同时配合容器技术,打通开发、测试团队间的无形壁垒。

被测体是基于网络的应用程序及移动端 APP。采用的技术架构基于 Jenkins 为核心搭建,如图 6-20 所示。日常工作中访问的 Jenkins 网站运行在 master 主节点上,当一个项目 job 被(自动或手动)触发后,master 主节点根据项目 job 的配置实现对项目 job 的分配调度。该架构利用云与虚拟化技术可同时支持多个被测体的回归测试及升级-回滚测试,并利用虚拟化技术支持多个被测体的冒烟测试。

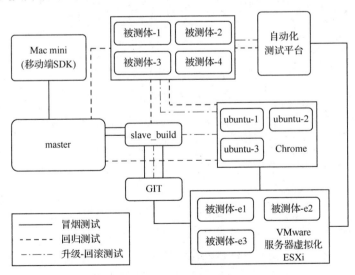

图 6-20 自动编译测试方法技术架构

以自动化构建为例，编译测试构建系统可以实现自动化开发及构建，减少编译时间，增加每天的集成次数和编译次数，创建一个稳定的可以随时发布的应用程序代码库，实现自动化集成并且自动回滚有缺陷的代码。新方法通过 Jenkins 上运行的自动化编译及测试项目实现自动化。自动编译类项目如表 6-6 所示。

表 6-6 自动编译类项目

| 项目名称 | 用途 | 触发机制 |
| --- | --- | --- |
| Smoke_Test | 1. 编译；<br>2. 组件测试；<br>3. 冒烟测试 | 每 15min 检查代码库，如有更新则触发 |
| Build_TPB | 编译第三方库文件 | 每 15min 检查代码库，如有更新则触发 |
| Build_AndroidSDK | 编译移动端安卓 Android SDK | 每 15min 检查代码库，如有更新则触发 |

各类项目间的触发、依赖关系如图 6-21 所示。

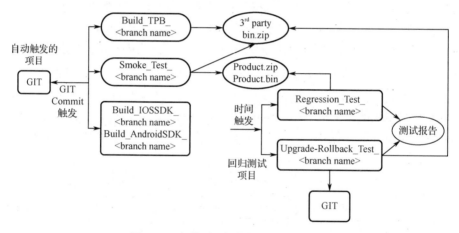

图 6-21 各类项目间的触发、依赖关系

为了在任何时间点都可以向客户交付可运行的高品质的软件产品，需要建立自动化测试机制。这意味着代码在合成到主干前，系统就可以捕获新代码的编译错误或功能错误，并触发代码自动回滚，这是一套动态且高效的机制。

自动测试策略如表 6-7 所示。其中，冒烟测试应用于每一个活跃的开发分支和主干分支，每 15min 检查一次代码改动，如有代码更新则运行一轮冒烟测试。冒烟测试用例个数随着新功能的增加而增加。回归测试应用于每一个活跃的开发分支和主干分支，每日凌晨运行自动化测试平台上所有用例。此外，升级-回滚测试应用于每一个活跃的开发分支和主干分支，每日凌晨运行。

表6-7 自动测试策略

| 测试类型 | 运行机制 | 应用项目 | 备注 |
| --- | --- | --- | --- |
| 冒烟测试 | 每15min检查代码改动，如有更新则运行冒烟测试 | 应用于每一个活跃的开发分支和主干分支 | 冒烟测试用例随着新功能的增加而增加更多冒烟测试 |
| 回归测试：自动化测试平台 | 每日凌晨运行 | 应用于每一个活跃的开发分支和主干分支 | 包括自动化测试平台上所有自动化用例 |

随着新功能的增加，冒烟测试的范围会逐步扩大。回归测试包含所有测试用例和检查点，并逐步实现自动化测试平台所有用例的自动化。升级-回滚测试支持客户版本到最新开发版本的自动化测试。

容器技术（Docker）能有效地将单个操作系统的资源划分到独立的组中，以便更好地平衡有冲突的资源使用需求。例如，编排平台 Kubernetes、ApacheMesos 和 Service Fabric 提供集群环境的统一化管理方案，能有效提高资源使用效率。

虚拟容器化的 ACF 构架图如图 6-22 所示。这是一个半 Docker 解决方案，NFS 和 DHCP 服务器在主机中而不在容器中。Docker 容器是环境，代码是在版本控制下从主机映射的，配置通过脚本加载到容器中。这里选择半 Docker 解决方案是因为 Docker 技术还存在一些限制，例如跟内核相关的功能 NFS，于是放到虚拟环境外的真机上。而 DHCP 理论上可以放到 Docker 内部，但是需要配置两层网络，这样会破坏虚拟化的封装性，权衡利弊决定把它也放到外部真机上。

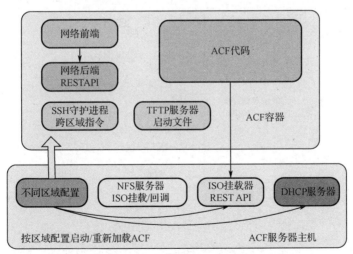

图 6-22 虚拟容器化的 ACF 构架图

通过实验验证，该方法以全覆盖的自动化技术及虚拟化容器技术为基础，实现了自动构建、自动部署、自动监控、自动测试的全覆盖；基于虚拟化的容器技术，有效减少了大规模软件安装、部署、配置及升级等引入的大量重复性工作；基于软件质量保障理论，选取合适的测试技术，实现了自动化测试，降低了缺陷及失效概率，提高了软件产品质量，促进了质量持续改进，具有广泛的适应性。

## 6.4 本章小结

软件测试对于软件组织来说是一种宝贵的资源，测试可能需要动用大量的人力、物力和财力。例如，系统测试有可能发现偶发问题，软件项目团队需要根据历史数据预留一定的资源来应对。

软件测试是利用测试资源按照测试方案和流程对产品进行功能测试、性能测试及其他测试（如安全性测试、易用性测试等），甚至根据需要编写不同的测试工具，设计和维护测试系统，对测试方案可能出现的问题进行分析和评估。执行测试用例后，需要跟踪故障，以确保开发的产品适合需求，如图 6-23 所示。

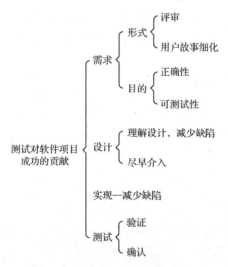

图 6-23　测试对软件项目的贡献

测试人员每天都在面对不同类型的缺陷，有些缺陷很严重，有些却很轻微，有些缺陷能轻易去除，而有些却很难去除。测试人员通常按严重性对缺陷进行分类。一个缺陷是严重的，意味着这个缺陷很昂贵或损害很大。严重的缺陷必须迅速修复。测试人员无法找到所有的缺陷，但应该尽最大努力去寻找并帮助开发人员清除缺陷。

测试人员可以用多种方式进行测试，如尝试正确使用软件、尝试错误使用软件、探索软件是如何工作的、观察其他人是如何使用软件等，还可以同时使用多种测试技术进行测试。

# 第 7 章

# 持续集成与持续改进

## 7.1 基于 DevOps 能力模型的持续集成

近年来，社会的进步及科技的发展使得软件的应用越来越广泛，软件的规模越来越大，复杂度也越来越高。较大规模和较高复杂度使集成变成了一件困难的事情，软件项目团队极可能会遇到下面的一些问题：

（1）研发人员要等很长时间才能看到自己提交的结果。如果研发人员严格遵守"频繁提交"原则，则上百人的大型研发团队将一直处于提交状态，使集成服务器始终繁忙，某位研发人员必须等待其他研发人员提交的构建通过后，才能知道自己的提交是否构建成功、是否测试通过。

（2）一旦构建失败，研发人员将花费较长时间才知道这次失败是否与自己提交的改动相关。

（3）测试人员不知道在哪里拿对应的构建进行测试。

（4）项目经理不确定测试人员是否在正确的运行环境下运行了正确的版本等。

因此，找到一种高效的能解决上述问题的持续集成方法就成了当务之急。由此产生了 DevOps（也称为持续交付或开发运维一体化）。在 DevOps 团队中，有开发（Dev）人员，也有运维（Ops）人员。这种团队一直在开发和测试软件，为用户提供新的软件功能，同时支持用户使用软件。

DevOps 就是将软件开发和软件运维结合起来，软件的构建和维护由同一个团队完成。

基于 DevOps 能力模型的大规模持续集成从自动化、质量保障及可视化三个维度出发，通过自动化使软件构建、测试、发布整个流程更加频繁、快捷及可靠，

# 第 7 章 持续集成与持续改进

通过可视化使项目数据形象直观,加强软件开发人员、质量保障人员和运营维护人员的沟通合作。

作为一种重要的软件开发实践,持续集成要求团队研发成员频繁集成其工作,通常要求每个成员每天至少完成一次集成。每一次集成都必须通过自动化构建(包含编译、发布、自动化测试)验证,使得集成错误及早被发现。

## 7.1.1 持续集成系统

下面介绍一种基于 DevOps 能力模型的以团队基础服务器(Team Foundation Sever,TFS)为核心的持续集成的方法,并在数字集群通信系统对讲机管理软件(Radio Management,RM)开发项目中得到了验证。

数字集群通信系统广泛应用于公共安全、交通运输、能源和物流等领域。作为数字集群通信系统的手持设备,对讲机为无线用户提供语音和数据服务,在各行各业的指挥调度中发挥了重要作用。对讲机管理软件为对讲机用户提供了计算机和对讲机之间的编程接口。RM 允许用户修改对讲机配置文件,使用户能够轻松地管理和更新对讲机的软件。该项目有下面几个特点:

(1)项目团队比较分散,除了中国,欧洲和美国也有部分开发人员。

(2)项目规模较大,有超过 100 人参与其中,代码行数达到近百万。

(3)项目关系复杂,影响面较广,涉及固件、多条产品线、软件遗留系统的重用和架构的重构。

(4)在采用 DevOps 能力模型方法之前,RM 项目几乎没有自动化构建、测试及版本控制技术,编码、构建、集成、测试、交付等还处于各自为政的状态,没有打通整个项目链条。

基于 DevOps 能力模型持续集成方法以微软应用程序生命周期管理服务器团队基础服务器(Team Foundation Server,TFS)为核心,提供源代码管理、报告、需求管理、项目管理、自动构建、实验室管理、测试和发布管理等功能,覆盖了整个应用程序生命周期。

DevOps 能力模型示意图如图 7-1 所示,包含开发、测试和运维三个部分,是三者的交集。DevOps 能力模型的目的是通过高度自动化工具与流程,更好地优化软件开发(Development,Dev)、测试(Quality Assurance,QA)、运维(Operations,

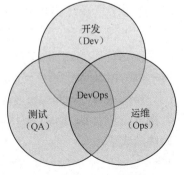

图 7-1 DevOps 能力模型示意图

Ops）流程，实现开发运维一体化，使软件构建、测试、发布、运营、维护乃至整个生命周期管理更加快捷、频繁和可靠。

DevOps 能力模型有以下几点优势：

（1）代码的提交直接触发构建及测试：消除等待时间，快速反馈软件质量。

（2）每个变化对应一个交付管道：使问题定位和调试变得简单。

（3）开发流程全程高效自动化：稳定、快速、可预测交付结果。

（4）自动化回归测试持续进行：提高软件交付质量。

（5）软硬件设施和资源共享并按需提供分配：资源利用率最大化。

该模型聚焦于在一个大型组织内实施持续集成必须遵循自动化、质量保证、可视化、持续交付、技术运营、组织文化等方面所需要的能力，有的放矢地解决前面提到的各种问题并持续改进符合企业特点的持续集成系统。可以从中选取 $n$ 点作为能力模型的维度，并在每个维度上深化，持续改进并提升能力。该模型可根据相应得分来分级（L1～L5，L1 为入门级，L5 为极致级），如表 7-1 所示。表中，CI 能力得分满分为 100，分 3 个维度打分，分别是自动化、质量保障及测试、可视化，各项满分为 35、35 和 30 分。总分低于 20 分即为 L0 无序级，不低于 20 分但低于 40 分即为 L1 入门级，不低于 40 分但低于 60 分即为 L2 进阶级，不低于 60 分但低于 80 分即为 L3 高阶级，不低于 80 分但低于 90 分即为 L4 精通级，不低于 90 分但不高于 100 分即为 L5 极致级。

表 7-1 DevOps 能力模型

| 级 别 | 基本描述 | 核 心 点 | CI 能力得分（满分 100） | | |
|---|---|---|---|---|---|
| | | | 自动化 | 质量保障及测试 | 可视化 |
| L0 | 无序 | 尚未建立自动化 | [0，20) | | |
| L1 | 入门 | 建立基本自动化，投入测试 | [20，40) | | |
| L2 | 进阶 | 开发自动化能力，形成规范 | [40，60) | | |
| L3 | 高阶 | 提升自动化应用广度和深度 | [60，80) | | |
| L4 | 精通 | 全员建设 CI，构建系统完善 | [80，90) | | |
| L5 | 极致 | 产品随时可发布 | [90，100] | | |

持续集成方法的实施和改进会紧扣自动化、质量保障及测试、可视化等维度分别阐述基于 DevOps 能力模型的持续集成方法的特点及其在 RM 项目中的具体应用及成效。

## 7.1.2 持续集成模型的 3 个维度

### 1．自动化

DevOps 能力模型中第一个维度是自动化，其中最重要的是如何实现自动化开发及构建（Dev）。如何减少编译时间？如何增加每天的集成次数和编译次数？如何创建一个稳定的可以随时发布的应用程序代码库？如何实现自动化集成并且自动回滚有缺陷的代码？为了回答这些问题，RM 项目找到的解决方案是基于 DevOps 能力模型的自动化构建系统。RM 项目 TFS 构建系统的拓扑结构如图 7-2 所示。图中，构建控制器（Build Controller）存储和管理一个或多个构建代理的服务。它将处理器密集型工作（如编译代码或运行测试）分发到池中的各个构建代理进行处理。构建控制器处理工作流，通常执行大多数轻量级工作，例如确定构建的名称、在版本控制中创建标签、记录注释以及报告构建状态。因为构建控制器通常不需要大量的处理器时间，所以虚拟机通常足以用作构建控制器的平台。每个构建代理（Build Agent）专用于单个构建控制器并由其控制。构建代理的工作包括从版本控制库中获得文件、签入文件、编译源代码及测试。当组装一个构建系统时，可以从几个代理开始。然后可在添加团队成员时添加更多构建代理，随着代码库的增长和构建系统工作的增加，进行构建系统扩展。TFS 构建系统的核心在于构建定义与工作流程。构建定义描述了构建的过程，包括编译哪些代码项目的指令，什么样的行动触发构建，运行什么测试，以及许多其他的选择。构建定义有一系列的定义需要填，就像一个代码项目的属性页。

TFS 构建系统的另一个独创性在于构建工作流程（Build Workflow）。构建工作流程定义具体的构建过程，比如给出编译哪些代码项目的指令、什么事件应该触发构建以及运行什么测试。本质上工作流程就是定义团队基础构建（Team Foundation Build，TFBuild）的构建代码、运行测试并执行其他程序。每个构建定义都有一个对应的工作流程定义文件，如图 7-3 所示。使用 TFBuild 还可以创建和管理自动编译测试应用程序，执行其他重要功能的构建过程，并使用构建系统来支持持续集成的策略，或者进行更严格的质量检查，以防止质量差的代码"打破构建"。

### 2．质量保障及测试

DevOps 能力模型中第二个维度是质量保障及测试。为了在任何时间点都可以向客户交付可运行的高品质软件产品，需要建立持续集成和自动化测试配合的机制。集成和测试的整合，意味着代码在合成到主干前，系统就可以捕获新代码的编译错误或功能错误，并触发代码自动回滚，这是一套动态且高效的机制。

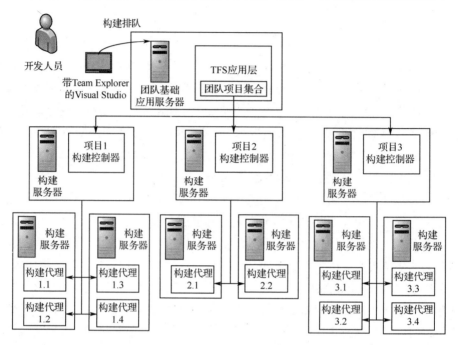

图 7-2　RM 项目 TFS 构建系统的拓扑结构

图 7-3　RM 项目 TFS 构建工作流程

RM 自动化测试平台是以团队基础服务器（TFS）为核心搭建起来的，实现了测试并行化，缩短了测试周期，实现了测试集合管理和测试环境管理，并且能自动部署到测试实验室进行不同的测试，如封闭签入测试、签入后测试和用户界面自动化测试等。封闭签入测试是其中具有独创性的测试方法。封闭签入流程如图 7-4 所示。当签入提交者提交代码修改时，快速持续集成被触发。如果编译代码或封闭签入测试失败，将阻止代码签入，并将代码回滚到测试通过的版本，系统还将自动触发邮件告知机制，将编译代码或封闭签入测试错误信息通过邮件发送给签入提交者；如果编译代码和封闭签入测试通过，代码将被签入。封闭签入过程提高了代码的质量，避免了无意义的重复劳动和人工操作可能存在的潜在错误。代码签入后，签入后测试被触发，测试报告将发送给签入提交者。

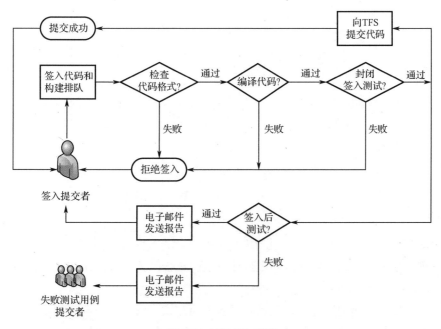

图 7-4　封闭签入流程

如图 7-5 所示，在 RM 测试框架中，TFS 负责安排自动化测试、实验室部署和测试结果收集等一系列活动。测试框架中主要包括测试管理器、测试控制器、测试代理及实验室管理器等组件。测试管理器的主要功能是为软件测试人员和测试主管提供一个专用于管理和执行测试计划的工具，将测试计划、测试集合和测试用例存储于 TFS 中，负责配置测试控制器。测试控制器负责配置测试代理并安排一个或多个测试代理以便执行自动化测试。测试运行完成后，测试控制器收集测试代理的测试数据。TFS 保存这些数据便于生成测试报表。测试代理是指作为实验室环境的一部分的服务器工作站，实际测试由测试控制器控制并在测试代理上运行。事实上，测试管理器充当 TFS 客户端界面来驱动自动化测试，这意味着在测试管理器运行测试计划之前，必须正确设置 TFS、测试控制器和测试代理。实验室管理器主要用于生成标准测试环境，使测试代理能顺利部署、构建并运行自动化测试。

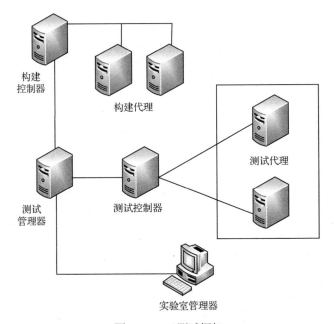

图 7-5　RM 测试框架

RM 项目基于 TFS 搭建了自动化测试平台。其工作流程如下：

第一步，确定测试环境，即多台计算机的集合，其中每台计算机都有特定的功能，软件在环境上部署及执行测试。

第二步，创建测试配置，测试管理器利用测试配置定义不同的测试场景。

第三步，创建或导入测试用例，其中包括手动创建测试用例，并将它们与测试方法相关联或者使用 tcm 命令从测试程序集（DLL）自动生成测试用例工作项；测试管理器可以通过测试中心跟踪查询功能，搜索存在的测试用例。

第四步，创建测试计划，创建由查询生成的多个测试用例组成的测试套件。

第五步，在测试管理器上自动运行测试用例，正确地设置测试程序集及其依赖项、测试运行环境等。

第六步，构建完成后触发自动测试。新构建完成后，可以在"进程"选项卡中指定如何根据默认工作流模板执行自动化测试。

第七步，得到可视化的测试结果，如图 7-6 所示。图中显示测试结果的概况，比如基于某些功能模块的测试集合的通过率和总的测试用例通过率等测试数据，可为进一步测试、持续集成及质量改进提供重要依据。一旦测试失败，一方面记录会自动发送给代码提交者和测试负责人，缺陷会被及时记录与修复；另一方面快速定位到哪次提交的代码影响了主干代码的稳定性，并可以使代码快速回滚到上一个的稳定版本。

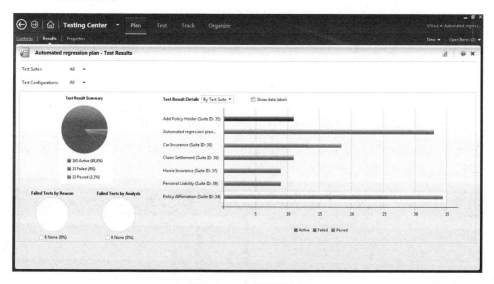

图 7-6　自动化测试结果

该方法不仅支持回归测试的全自动化，而且测试周期也大幅缩短，实现了测试环境准备、测试用例执行的自动化，提高了测试效率。

### 3．可视化

DevOps 能力模型中第三个维度是可视化。持续集成和改进需要依靠全面反映 DevOps 状态的数据，并且可视化贯穿持续集成的全过程，因此需要建设可视化的能力。基于 DevOps 能力模型的可视化软件的开发吸收了多种先进的开源技术的优点。其中，Python Flask 是使用 Python 编写的轻量级 Web 后端应用框架；MongoDB 是基于分布式文件存储的数据库；G2 是阿里由纯 Javascript 编写的语义化图表生成工具；React 是脸书公司提供的响应式（Reactive）和组件化（Composable）的视图组件技术；AngularJS 是谷歌设计和开发的一套功能全面的前端开发框架；jQuery 是一个快速简洁的 JavaScript 库；Bootstrap 是 Web 样式 CSS 框架。这里以质量保障及测试（缺陷数量趋势、缺陷生命周期和失败的测试用例等）和项目完成度中的燃尽图与产品代办项为例，阐述如何进行可视化。

质量保障及测试可视化如图 7-7 所示。图中左上角表示过去、现在和将来的缺陷数量。测试运行一段时间之后，如果缺陷数量趋于稳定或不再增长，则说明测试比较充分，发现了绝大部分的缺陷，预计尚未发现的缺陷较少；如果缺陷持续增加，则说明极有可能还有更多的缺陷尚未发现，还需继续测试，项目远未达到交付标准。图中右上角给出了缺陷生命周期和状态等指标，比如在最近 7 天发现的缺陷有 59 个已解决，有 2 个尚未解决，有 3 个推迟到下次交付解决、没有处于监控状态的缺陷。图中左下角表示最近 20 天内每天失败的测试用例的趋势，可看出测试用例失败的数量尚未减少，还需继续加大力度分析测试结果，判断是测试用例缺陷还是软件缺陷。图中右下角表示失败的测试用例分布图，反映不同的组件各有多少测试用例失败。据此测试和开发人员可以判断潜在问题较多的组件并集中力量进行分析。通过这些可视化的信息，团队可以分析软件质量情况，解决缺陷，预测何时能结束测试并交付产品。

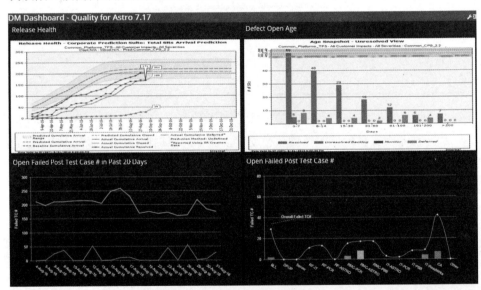

图 7-7　质量保障及测试可视化

在项目完成度方面，RM 项目主要选取燃尽图与产品代办项等来反映项目的完成情况。图 7-8 左上角是项目某阶段的燃尽图，可看出现阶段的进度领先于计划预期，项目进展较顺利。图 7-8 右上角是现阶段优先级最高的 5 个产品待办项，其中，有 1 个工作量较大，占 30 人·月；3 个工作量居中，占 13～15 人·月，1

个工作量较小，暂时忽略不计。可以看出，优先级最高的 5 个产品待办项的总工作量为 71 人·月，整体基本可控，不会带来太大的进度风险。

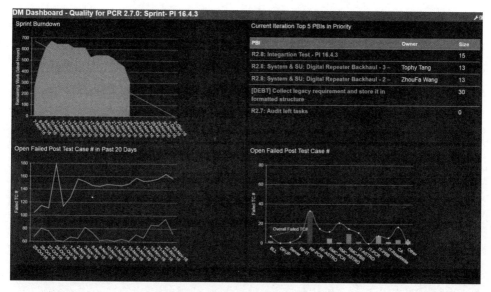

图 7-8　某项目冲刺进展情况可视化

在引入可视化之前，开发人员迫于时间压力可以侥幸少做一些功能或忽略一些潜在缺陷，引发的功能障碍的例子就是：团队签入了许多功能点，冲刺结束时绝大多数功能点都是"几乎完成"，但都有细小的模块没有实现。这导致产品负责人在软件上市前无法判断还剩余多少工作未真正完成，从而带来了项目的不可预测性、不确定性风险及未知的质量风险。而自从团队明确定义了项目完成度这个关键因素，并以可视化的形式设置明确的项目"完成"标准后，开发人员漏掉功能点并导致软件不能按时上市的情况就大大减少了。

### 7.1.3　持续集成方法的使用

从项目实践可知，基于 DevOps 能力模型的持续集成方法能显著缩短构建周期和软件版本控制时间。如图 7-9（a）所示，RM 项目使用该方法后，软件版本控制时间从之前的 150min 缩短到 3min，效率提升了 98%；构建周期从之前未使用该方法的平均 270min 缩短到 80min，效率提升了 70%。为了验证该方法的成效，在类似的一个项目中，使用该方法，软件版本控制时间从之前的 48min 缩短到 3min，效率提升近 94%；构建周期从之前的平均 109min 缩短到 40min，效率提升了约 63%，如图 7-9（b）所示。由上述两个项目的实践可以看出，采用 DevOps

能力模型持续集成方法使项目构建周期和软件版本控制时间显著降低，效率显著提高。

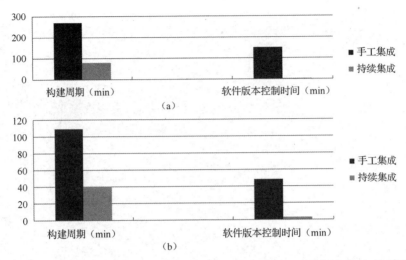

图7-9 DevOps能力模型持续集成方法使用前后构建周期和软件版本控制时间比较

RM持续集成系统的特点如下：

（1）性能方面，该方法的每一步都采用了自动化技术，加快了完成的速度。这里将持续集成分为两类：快速持续集成和完整持续集成。快速持续集成可以实现立等可取（如果不包括可用性测试，则可以在5min内完成；如果包括可用性测试，则可以在10min内完成），而且支持封闭签入。完整持续集成如果不包括（可用性）测试可在30min内完成。测试可以在其他专用测试机上部署和执行，测试时长是变化的，依赖于团队选择测试用例的策略和不同目的的测试类型，还可以通过在多个测试机上分布式运行测试用例来缩短测试周期。

（2）质量保障及测试极大地提高了生产效率和软件质量。如果没有一个稳固和及时反馈的质量系统，持续集成就是一个纸老虎。该方法预先创建好测试用例集合，根据测试目标和功能自动选择测试集合并监控测试是否通过。如果测试通过，则将测试结果保存至测试结果库中；如果测试失败，则通过自动发送邮件通知和报告等机制，帮助开发人员快速定位问题，找出问题原因，修复问题并通过测试。

（3）该方法还实现了强大的可视化及报告功能，包括：构建请求和持续集成服务器的响应时间统计；需要注意的突出问题的报警：构建代理的短缺；过于频繁的签入代码导致持续集成资源短缺，能定位到特定的构建和发起者；可能是由于糟糕的设计或编码引起的与之前构建相比太长的周期。RM持续集成最终实现了团队按计划构建、项目按计划运行、质量有保证，能够向个人、团队/项目发起报告。

（4）可用性方面，该方法实现了构建服务器的相互备份，物理位置在不同国家的服务器互为备份，当某台服务器关闭时，另一台支持自动切换。当出现故障的服务器恢复正常再次运行时，构建服务器可以自动切换，提高了系统可靠性。

（5）该方法实现了硬件资源的高效利用：一方面是充分利用了虚拟机，能够在 Hyper-V 环境中部署复杂的应用程序，支持构建自动化及测试自动化，并且按需动态地分配资源；另一方面使 24h 全天候运行状态成为现实。

RM 系统对未来的集群通信系统无线终端设备的产品线发展有重大意义。在采用 DevOps 能力模型持续集成方法之前，RM 项目几乎没有自动化构建、测试及版本控制技术，编码、构建、集成、测试、交付等都处于各自为政的状态，没有打通这一链条，处于 DevOps 能力模型的无序级。采用 DevOps 能力模型持续集成方法之后，RM 项目有效利用了各项自动化技术，加强了质量保障及测试，实现了数据可视化，构建了一个相对完善的系统，基本达到了 DevOps 能力模型的精通级。

该方法实现了 RM 自动化生命周期管理，包括封闭签入、编译/构建、静态分析、组件测试、代码混淆、安装包生成、安装包部署、集成测试、黑盒测试和错误报告等。通过 RM 项目实践，证明该方法极大地提高了软件发布效率。使用该方法使研发成本减少了 40%，将原来 4 个月的迭代周期缩短到 1 个月，并且实现了软件每天可以发布。该方法成功完成了对 100 万行代码、27 年历史的对讲机管理系统架构的重构，并且兼容市面上主流对讲机的所有功能，大大减少了软件人工干预程度，较大程度地提高了软件开发集成发布效率。

通过项目实践可以看出，基于 DevOps 能力模型持续集成方法具备下列优点：当开发、测试及运维人员处于分布式开发环境中时，持续集成能确保开发人员正在构建的软件版本是最新的；持续集成能减少回归次数；开发人员能尽早捕获构建中断，不必等待一天或一周的结束才了解某个签入对构建的影响；在软件生命周期中集成测试提前进行，每次签入都要进行集成测试，尽早发现问题；持续集成能实现更好的开发过程，每个开发者都要对构建负责，而且总是有一个最新最好的构建可用于演示和展示。当然，该方法也有一些不足之处，比如持续集成会增加维护开销、需要开发人员改变心态、签入直接导致代码备份等。

为了更好地阐述持续集成方法的优势，将持续集成方法与传统方法进行对比分析。由于 Jenkins 方法在业界使用最广泛，最具有代表性，因此将持续集成方法与 Jenkins 方法从三个方面做了对比，如表 7-2 所示。

表 7-2 持续集成方法与 Jenkins 方法比较

| 项 目 | Jenkins 方法 | 持续集成方法 |
|---|---|---|
| 插件 | 丰富，实用性有待提高 | 不够丰富，实用性较高 |
| 界面 | 不够友好 | 友好，清爽简洁 |
| 构建 | 不支持代理更换，流程不够清晰 | 支持代理更换，流程较清晰 |

综上所述，持续集成方法创新性地提出了 DevOps 能力模型，并且从自动化、质量保障及测试、可视化等维度出发，实现了多个产品且每个产品多版本的软件开发、测试及运维的高效融合，提高了开发效率，降低了项目质量风险。

## 7.2 基于精益数据分析的 DevOps 能力评估

近年来，软件的应用范围日趋广泛，软件规模也随之扩大，复杂度增高。作为提高软件开发效率和软件产品质量的重要途径，软件开发运维一体化（DevOps）受到软件组织的重视，软件开发项目中采用不同的 DevOps 技术、方法及平台。如何有效分析及评估软件 DevOps 方法的优劣，能力的高低，从而选择较适合的 DevOps 方法成为许多软件组织的迫切需求。目前，研究者多从 DevOps 采取的方法和技术论述，比如从代码静态分析工具 Klocwork 及开源的托管平台 GitHub 的角度阐述其在 DevOps 系统的应用。在软件开发项目实践的基础上，从影响 DevOps 能力的三类因素（系统构建性能、自动化测试及项目进度）出发，建立了一套 DevOps 能力评估的新方法。

### 7.2.1 DevOps 能力评估方法概述

软件 DevOps 已经被越来越多的项目团队所接受，各种 DevOps 方法、技术及平台被采用，但一直以来没有一种有效的 DevOps 能力的评估方法。经过软件项目的摸索和实践，提出基于精益数据分析的 DevOps 能力评估新方法。该方法主要基于精益数据分析理论，反映出"少数关键、多数次要"的规律，即寻找主要指标、抓住主要矛盾。

DevOps 能力受到三类因素影响：开发因素与系统构建性能相关（这里的系统构建是指广义的系统构建，包括版本控制、编译及构建等）；质量保障因素与自动化测试相关；运维因素与项目进度密切相关，如图 7-10 所示。广义的系统构建将开发、编译和构建流程用合理的方式连接起来,从而提升效率,同时系统构建性能的优劣也制约着构建效率提升的程度;自动化测试是 DevOps 的灵魂,没有自动化测试,DevOps 就是空壳;项目进度是洞悉软件项目能否正常交付运维的重要方面,反映软件 DevOps 的整体运行情况。

图 7-10 DevOps 能力的三类影响因素

定义好这三类影响因素以后,每类影响因素所关注的指标也可从精益数据分析的角度提取和划分。这里的精益可以理解为精确、精准和精益求精。精益数据分析反映的是"少而精"的概念,对海量数据不贪多图全,而是抓住关键重点突破。根据精益数据分析理论,团队根据项目客观情况和项目人员主观条件从众多指标中作出取舍。

(1)识别关键指标:首先列出项目成员认可的能决定 DevOps 是否成功的必要指标列表。根据优先级,选择最重要的一个。

(2)识别约束指标:然后检查一下列表中的其他指标。这些指标虽然不如关键指标重要,但会对整体 DevOps 过程的顺利进行形成较大制约。从中选择一到两项,将其归为约束指标。

(3)识别浮动指标:最后审视剩下的指标,发现它们虽然比较重要,但是有较大的调整余地,从中选择两到三项作为浮动指标。

如上所述,软件 DevOps 过程的三类影响因素由三种指标组成,由此得出 DevOps 能力评估方法的三类影响因素及其三类指标,如表 7-3 所示。

表 7-3 该评估方法的影响因素及其指标

| 影响因素 | 关键指标 | 约束指标 | 浮动指标 |
| --- | --- | --- | --- |
| 系统构建性能 | 构建周期 | 软件版本控制时间 | 构建等待时间、日构建成功率等 |
| 自动化测试 | 封闭签入测试通过率 | 系统缺陷总数、尚未解决缺陷数量 | 失败测试用例数量、签入后测试成功率等 |
| 项目进度 | 燃尽图 | 产品待办项 | 关键路径活动完成情况、高风险活动监控等 |

DevOps 能力的评估值可由式(7-1)得出,并满足式(7-2)的约束条件。

$$EV = \sum_{i=1}^{n} W_i f_i \tag{7-1}$$

$$\sum_{i=1}^{n} W_i = 1 \tag{7-2}$$

式中，EV 表示 DevOps 能力的评估值，取值范围为 0~100，分数越高表示评估值越高；$W_i$ 代表每个影响因素权重（其取值范围为 0~1，取值越大表示权重越高）；$f_i$ 表示每个影响因素的评估得分（取值范围为 0~100，分数越高代表该项指标评估值越高）；$i$ 表示某一类影响因素；$n$ 为 3。

每个影响因素权重 $W_i$ 可以根据不同项目特点及 DevOps 系统的侧重点来定义及调整。如果客户高度重视软件系统的质量，可将质量保证及测试影响因素权值设置较高。如果软件项目时间紧、任务重，可以将软件项目进度影响因素的权值设置较高。极端条件下甚至可将完全忽略的影响因素权值设为 0 或将极其重要的影响因素权值设为 1，数值越大关注度越高。

每个影响因素相关指标的评估得分 $f_i$ 可以通过德尔菲（Delphi）专家评估方法得到。先选出一位评估协调人，组织评估工作。该方法评估偏差率的计算公式为

$$P = \frac{\text{MAX}[(\max - \text{mean}),(\text{mean} - \min)]}{\text{mean}} \times 100\% \tag{7-3}$$

式中，$P$ 表示偏差率；max 表示评估得分最大值；min 表示评估得分最小值；mean 表示评估得分平均值。

下面将从 DevOps 能力的三类影响因素（系统构建性能、自动化测试及项目进度）来具体分析 DevOps 能力评估方法。

（1）系统构建性能。软件项目经常会遇到以下问题：如何减少编译时间？如何增加每天的集成次数和编译次数？如何创建一个稳定的可以随时发布的应用程序代码库？如何实现自动化集成并且自动回滚有缺陷的代码？为了解决这些问题，必须提高软件系统构建的性能。软件项目要求快速构建，甚至立等可取，比如构建等待时间小于 5min，完整构建时间小于 30min。

在基于精益数据分析的 DevOps 能力评估方法中，系统构建性能这类影响因素由三类指标构成：构建周期（每次构建持续时间）作为关键指标；软件版本控制时间作为约束指标；构建等待时间、每日构建成功率等作为浮动指标。

（2）自动化测试。在自动化测试方面，封闭签入（gated check-in）测试通过率作为衡量自动化测试能力的关键指标。封闭签入是指在签入代码前，先尝试生成文件，如果构建失败则拒绝签入。封闭签入从表面上看是一种代码签入方式，与测试无关，但实际上它和软件质量及测试关系密切，签入代码前不仅要保证编译通过，还要最大限度地保证签入新代码不会破坏已有的功能，也就是执行回归测试来验证。因此封闭签入通过实际包含两部分内容：编译成功和回归测试执行成功。

在基于精益数据分析的 DevOps 能力评估方法中，自动化测试这类影响因素由三种指标构成：封闭签入测试通过率作为关键指标；系统缺陷总数、尚未解决缺陷数量等作为约束指标；失败测试用例数量、签入后测试成功率等作为浮动指标。

（3）项目进度。在敏捷项目实践中，常用燃尽图表述进度情况。燃尽图是在项目完成之前，对需要完成工作的一种可视化表示。它可向项目组成员和管理层提供工作进展的一个公共视图。在理想情况下，该图是一个向下的曲线，随着剩余工作的完成，直至"燃尽"至零。另外，产品待办项（Product Backlog Item，PBI）也可表示项目进展。产品待办项包含所有的功能特性，包括业务功能、非业务功能（技术、架构和工程实践相关）、提升点以及缺陷的修复等。这些内容也是未来产品版本发布的主要内容。一个完整的待办项是一个产品的蓝图。待办项是根据产品和产品使用环境而不断演化的，所以待办列表是动态的，它会持续地改进，以确保产品是最合理的、最有竞争力的和最有价值的。分析产品待办项时，优先级是一个重要的视角，优先级越高的待办列表需要越清晰、越详细；优先级越低的待办列表，详细程度越低，直到几乎不能认为它是一个待办列表项。

在基于精益数据分析的 DevOps 能力评估方法中，可以选择燃尽图作为关键指标，产品待办项作为限制指标，浮动指标可以选取关键路径活动完成情况、高风险活动监控等。

这里以数字集群通信系统软件开发为例展示基于精益数据分析的 DevOps 能力评估方法。该系统主要为无线用户提供语音和数据类的公共安全移动通信服务。在评估该系统 DevOps 能力的实践中，基于精益数据分析的理论模型，从三类影响因素各自的关键指标、约束指标和浮动指标出发，用理论指导实践，用实践来证明该评估方法的有效性和正确性。

## 7.2.2 评估方法的应用

下面介绍项目 DevOps 平台，该平台以团队基础服务器（TFS）为核心搭建。TFS 提供源代码管理、报告、需求管理、项目管理、自动生成、实验室管理、测试和发布管理功能，覆盖了整个应用程序生命周期。图 7-11 描述了该项目的持续集成过程，体现了系统构建性能、自动化测试和项目进度三者的有机结合。其中，包含 2 种持续集成：快速持续集成（封闭签入）和完整持续集成。图中，第 1 步至第 3 步为快速持续集成，第 1 步至第 5 步为完整持续集成。完整持续集成由每个版本发布触发，输出是安装包和自动测试报告。

图 7-11 项目的持续集成过程

（1）系统构建性能。该项目软件版本控制的时间为 3min；构建周期为 40min。其中构建周期这个关键指标还有较大的提升空间，下一步计划将构建周期缩减到 25min 以内。为了进一步提高系统构建性能，提出了下列解决方案：比如构建可在专用构建服务器上部署和执行，构建类型可根据不同的策略和目的而变化；构建周期可通过将构建分布在多台服务器上运行来缩短；构建服务器之间可以相互备份，任何一台服务器发生故障时都能自动切换。

（2）自动化测试。在自动化测试方面，该项目引入封闭签入测试并选择封闭签入测试通过率作为衡量该影响因素的关键指标。封闭签入测试如图 7-12 所示。图中，右侧深色行表示构建失败，则挂起变更而不提交到版本控制存储库中；右侧浅色行表示构建成功，则变更可以提交到版本控制存储库中；左侧给出了平台健康状态、签入通过率等指标。

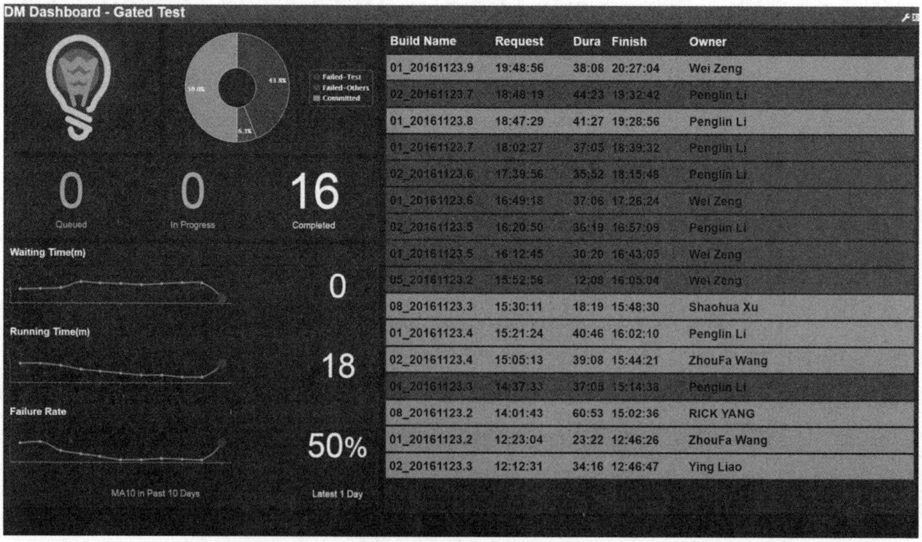

图 7-12 封闭签入测试

(3)项目进度。项目进度方面,该项目选择燃尽图作为关键指标,产品代办项作为约束指标。图 7-13 左上角的燃尽图显示项目实际比前期的进度计划预期领先,该项目进展相对顺利;右上角是现阶段项目优先级较高的 5 个产品待办项,其中,2 个工作量较大,各有 13 人·月;2 个工作量较小,各有 5 人·月;1 个工作量最小,为 1 人·月。由此可得,优先级较高的 5 个产品待办项的总工作量为 37 人·月,整体项目进度可控,预测后期进度风险较小。

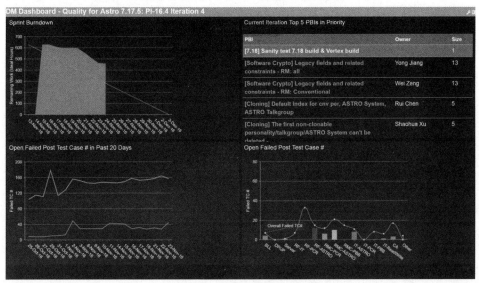

图 7-13 项目冲刺进展情况

## 7.2.3 DevOps 能力的评估结果

根据该项目特点,系统构建性能和自动化测试这两类影响因素相对重要,因此权重取值为 0.4;项目开发周期相对较充裕,因此项目进度权重取值为 0.2。通过 Delphi 专家评估方法对这三类影响因素打分,得到基于精益数据分析的 DevOps 能力评估结果,该项目的 DevOps 能力评估值总分为 81 分,如表 7-4 所示。由此可见,基于精益数据分析的 DevOps 能力评估方法应用于该项目时,系统构建性能还有一定的改进和提升空间。

表 7-4 该项目 DevOps 能力评估结果

| 影 响 因 素 | $W_i$ 取值 | Delphi 法 $f_i$ 得分 | 加 权 得 分 |
|---|---|---|---|
| 系统构建性能 | 0.4 | 75 | 30 |
| 自动化测试 | 0.4 | 85 | 34 |

续表

| 影响因素 | $W_i$取值 | Delphi法$f_i$得分 | 加权得分 |
|---|---|---|---|
| 项目进度 | 0.2 | 85 | 17 |
| 总分 | | | 81 |

通过自动化工具及流程优化，DevOps 使软件项目能更有效地实现开发运维一体化，使软件构建、测试、发布、运营、维护乃至整个软件生命周期管理更加快捷、高效和可靠。基于项目实践，得出该 DevOps 能力评估方法有以下特色及创新点：力求少而精地进行数据分析，寻找主要因素、抓住主要矛盾；通过三类影响因素（系统构建性能、自动化测试及项目进度）进行 DevOps 能力评估，提高 DevOps 能力评估效率；友好的操作界面可完全自定义设置，直观且高度可视化。

综上所述，该 DevOps 能力评估方法不仅具备精益数据提取、智能数据分析、质量趋势预测等功能，还具有画面直观、商业决策科学等优点，可以应用于其他软件开发项目的 DevOps 能力评估，具有较大的应用前景及良好的社会效益和经济效益。

## 7.3 软件缺陷预防

近年来，软件的应用范围日趋广泛，软件规模也随之扩大，复杂度不断增加，但大量的软件缺陷却未能及时发现。作为节省软件开发成本及提高软件产品质量的重要途径，缺陷预防受到软件组织的重视。现在常见的缺陷预防方法有失效模式和影响分析（Failure Mode and Effects Analysis，FMEA）及其变体失效模式、影响及危害性分析（Failure Mode，Effects and Criticality Analysis，FMECA），质量功能展开（Quality Function Deployment，QFD）及缺陷树分析（Failure Tree Analysis，TFA）等。为了解决上述问题，优化了基于根本原因分析的现有缺陷预防方法，将其与漏测缺陷分析相结合，并引入拓深拓宽分析提出了一套新的缺陷预防方法，将其应用于实际项目进行对比实验，验证该方法的有效性。

近期，不少软件组织为了提升研发水平及资质，引入能力成熟度模型集成（Capability Maturity Model Integration，CMMI）。在 CMMI 最高优化级中包含过程域的因果分析和解决方案（Cause Analysis and Resolution，CAR）。该过程域的目的是标识所识别缺陷和其他问题的原因并采取措施，以防止这些缺陷再次发生。这对测试成熟度模型集成（Test Maturity Model Integration，TMMI）中的缺陷预防（Defect Prevention）的实施提供了有力的支持。

### 7.3.1 缺陷预防的概念及意义

缺陷预防是指在软件缺陷出现前，就采取积极有效的预防措施，把缺陷消灭在萌芽状态的一种技术。缺陷预防的主要目的在于消除注入的缺陷，或通过有效监控减轻损失，并且通过一个适当的缺陷分类系统能够消除最常见的问题，获得最大的收益。缺陷预防能识别并分析开发生命周期中出现缺陷的常见原因，并制定措施防止今后发生类似的缺陷。为了避免软件质量低下所带来的后期巨大的维护成本，最佳选择是在缺陷预防方面加大投入。如果项目团队能在研发初期预防缺陷，而非在后期发现和修复缺陷，那么将大大提高生产率，降低后期验证和确认成本。

CMMI 对缺陷预防有以下要求：分析趋势以跟踪发现的缺陷类型并识别可能重现的缺陷；定量分析缺陷的根本原因的相关数据；支持缺陷预防指标的自动化；启用缺陷预防属性的级别分类，简化模块和级别趋势分析。上述要求可以通过这些途径实现：收集缺陷的根本原因属性，捕获附带的信息；支持通用级别根本原因分类用于分类级别趋势分析；允许自定义级别分类层次结构。

### 7.3.2 现有的缺陷预防方法

#### 1．现有方法

现有的缺陷预防方法在整个项目生命周期都会进行缺陷分析和缺陷预防。在项目规划阶段，制作项目经验教训报告模板、制订缺陷预防计划。项目开发由 3 个阶段组成：项目初始阶段、项目进行阶段及项目结束阶段，如图 7-14 所示。

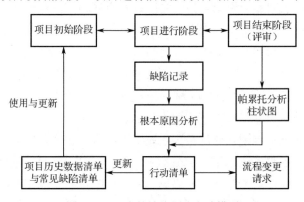

图 7-14　现有的缺陷预防方法模型

(1)项目初始阶段关注的问题:审查完善此阶段的缺陷预防计划并创建行动列表;查看历史项目的缺陷来源;查看项目的新缺陷来源;审查此阶段的风险;让团队了解适合此阶段的检查清单;确保团队明确如何在时间表中预定时间,以便于跟踪并可在将来使用历史数据。

(2)项目进行阶段关注的问题:记录发现的缺陷;记录缺陷解决方案,所有严重性较高、系统集成测试和客户发现的缺陷都需要进行分析和分类;缺陷状态评审会议按需举行;执行在缺陷预防计划中规定的适用于该阶段的缺陷预防行动。

(3)项目结束阶段关注的问题:这个阶段哪些进展顺利;可以改进哪些操作(即什么不顺利);有没有提交专利的想法;帕累托分析/因果分析是否适用;行动清单是否已包含所有行动;是否对使用检查表的问题或改进建议(比如改变工作流程)作出了及时反馈;在该阶段缺陷预防活动的效果如何。

### 2. 根本原因分析

根本原因分析(RCA)是一种结构化的缺陷预防技术,它分析一个事件的因果关系,力图寻求能够消除问题原因的纠正措施。采用根本原因分析作为缺陷预防技术的最大好处是它能够识别最低层次的问题,而不是仅识别表面现象。为了了解问题的根本原因,开发团队将使用缺陷的相关信息和数据来调查问题。该分析的输出决定解决方案应该是什么。可能的解决方案包括软件修复、硬件修复、文档更改等。根本原因分析包含两个重要维度:缺陷的问题类型及缺陷的根本原因。

(1)缺陷的问题类型描述的是引入的缺陷类型。缺陷类型包括:不正确的需求规格说明、与使用的逻辑或算法相关的问题、接口中的问题或系统中组件或功能集成的问题、与系统用户界面相关的问题、错误检查功能(如参数验证)的问题、与性能相关的问题、模块之间的时序或同步问题、内存泄漏及内存或系统资源未被释放导致系统性能下降/崩溃、不正确的数据定义或数据库设计、与系统稳定性或可靠性相关的问题(如组件重置)、与测试工件相关的问题(如测试用例、测试计划、测试策略)、与内部开发工具相关的问题(如开发集成工具,不包括交付给客户的工具)、与外部交付文档相关的问题等。需要注意的是,项目团队可根据需要对上面列出的基本类型进行细化(细分为子类别)。

(2)缺陷的根本原因描述的是引入缺陷的原因。根本原因与原因不同在于:根本原因不是问题的描述,而是造成错误的原因。根本原因分析只回答两个问题:①为什么犯这个错误;②怎样才能避免重复同样的错误。预定义的根本原因分析列表包括:由于上游可交付物引起的问题(如技术信息缺失、不正确、含糊不清或不清楚)、缺少必需的阶段输入或未理解更改影响引起的问题(如缺少第三方文档)、团队沟通导致的问题(如更改未正确传达给所有受影响的部门或开发组)、由于未指定的配置管理或构建问题而引入了错误(如版本未正确合并,由于标记不正确而使用了错误的版本等)、由于未指定的流程引入的相关问题(如没有遵循流程)、未执行或未正确执行相关可交付物的正式技术评审、对相关可交付物进行了正式评审但未邀请适当的审评员、工作环境引入的问题(如太多的干扰)、由于开发或测试工具引入的问题、由于未指定合适人员引入的问题(如开发人员缺乏必要的知识来防止错误或确定其存在的可能性、开发人员未按照所需的方法或流程进行适当及充分的培训、开发人员缺乏专家的指导和协助以避免缺陷)、由于缺少时间产生的问题(如由于时间限制,发展陷入窘境;由于范围变化引入了新工作,但未对相应的时间表进行调整;计划中添加了一项新活动,但未调整适当的里程碑及截止日期)等。

缺陷根本原因分析的数据收集整理好之后,在适用的情况下进行帕累托分析(Pareto Analysis)。帕累托分析的基础是,通过完成20%的工作可以实现80%的项目效益,或者相反,80%的问题可以追溯到20%的原因。软件行业的质量管理使用帕累托分析来确定哪些因素导致软件的大多数缺陷。例如,在总结项目经验教训之前强制要求帕累托分析;当发现较多的缺陷时、集成测试结束后、系统测试之前推荐进行帕累托分析;当一个或多个客户发现问题已解决时可选作帕累托分析。

为了确定这些问题,可以采用统计技术,例如因果分析产生潜在问题清单和这些问题的结果。在质量管理中,可以通过帕累托图表显示每种已识别的原因分别导致了多少缺陷。使用帕累托图表的目的是查看哪些类别的缺陷最多,从而得出潜在的缺陷预防措施。

### 7.3.3 新的缺陷预防方法

现有缺陷预防方法基于根本原因分析,注重分析缺陷的类型和根本原因。在实践中发现缺陷逃逸原因也是缺陷预防的重要考虑因素,因此对现有方法进行了优化,引入漏测缺陷分析,并用拓深拓宽分析来检查和消除引起软件缺陷漏测的流程问题,形成一套新的软件缺陷预防方法。

**1. 漏测缺陷分析**

漏测缺陷分析(Escaped Defect Analysis,EDA)是对未检测出的缺陷进行的分析。软件测试人员经常会遇到这些问题:为什么这个缺陷被客户发现了?为什么自己没有测出这个缺陷?事实上导致软件缺陷的因素很多,并非单凭测试环节就能保障软件质量。对于漏测的缺陷,可以推导出模型并进行分析,如图7-15所示。

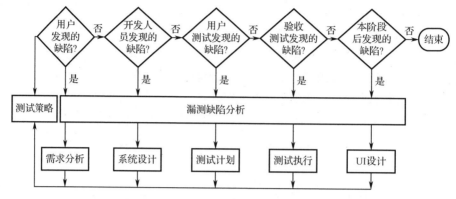

图 7-15 漏测缺陷分析模型

漏测缺陷分析工作需要收集所有的漏测缺陷,描述为什么缺陷在引入后逃过了后续阶段的检测。从上面的模型可以看到,客户发现的、开发人员发现的、内部或者外部用户发现的、产品上市以后发现的以及应该在开发的某阶段发现却没发现的,都属于漏测缺陷的范畴。不同的项目,漏测缺陷的来源不尽相同,需要对漏测缺陷进行详细分析,并找到缺陷遗漏的原因。

通过项目分析,漏测缺陷的来源大致有以下几个方面。

(1)需求分析:需求定义不明确、不清晰或颗粒度太大,需求人员和开发人员以及测试人员对于需求的理解不一致等。

(2)开发环节的问题源于系统设计:未有效执行组件测试、修改缺陷同时引入了新的问题等。

(3)测试设计的问题根源在于测试计划:测试用例覆盖度不够、测试用例设计错误等。

(4)测试执行:测试方法错误、测试环境错误、测试资源不齐备等。

漏测缺陷原因包括:需求缺失或不清楚;测试实验室缺少必要的配置来测试缺陷;测试策略或用例在错误的时间运行(如最初完整功能不可用,并且在最终功能交付时未重新执行测试用例);错误的测试用例使缺陷漏报;由于测试组织未将该部分测试作为计划测试范围的一部分包含在内,因此未发现缺陷;实际发现了缺陷,但由于未能恰当地描述或理解该缺陷,该缺陷被终止或推迟;沟通问题(如未传达变更对测试的影响);审核不充分(如未执行或未正确执行评审,因此漏报该缺陷);由于没有合适的测试工具或测试工具存在缺陷而导致缺陷漏报(如没有一个合适的测试工具,或者测试工具由于性能或容量不足而无法捕获此缺陷);没有足够的时间来完成所有必需的测试等。

通过分析漏测缺陷的根本原因,可以得到分析数据及详细的报告,如表 7-5 所示。

表7-5 某项目漏测缺陷的根本原因

| | 根 本 原 因 | 所 有 权 人 | 数 量 |
|---|---|---|---|
| 漏测缺陷分析 | 测试用例覆盖率不足及测试方法有误 | 测试工程师 | 38 |
| | 系统稳定性问题 | 系统设计工程师 | 10 |
| | 未有效执行组件测试或未遵守编码规范 | 开发工程师 | 7 |
| | 需求定义不明确、不清晰(包括 UI) | 需求工程师 | 1 |

通过以上分析,发现可以通过调整各个环节的流程和方法,比如细化需求、加强组件测试、及时更新测试用例、修正测试方法等,预防缺陷的出现。因此,新方法在根本原因分析和漏测缺陷分析的基础上,引入拓深拓宽分析,优化测试流程。

**2. 拓深拓宽分析**

预防缺陷的效率会影响客户满意度和组织的劣质成本(Cost of Poor Quality,CoPQ)目标。缺陷预防活动将提高组织的流程效率,增强与内部和外部客户的业务联系,并可能有助于业务增长。拓深拓宽(Drill Deep and Wide,DDW)是一种检查和消除引起缺陷漏测的流程缺陷的方法和工具。该方法将重要缺陷与过程改进紧密地联系在一起,从而避免在产品平台再次发生相同问题。其中,深入(Deep)是指应用"5 个为什么"技术来探索和识别流程缺陷背后的根本原因,创建可显著改进或替换现有流程的行动计划,以预测、预防和保护客户免受质量损失。宽广(Wide)是指在适用的情况下,在更宽广的范围内采取行动加以改进。需要注意的是,该方法不是用来理解什么样的问题,而是用来搞清楚为什么系统会出问题,并且可以采取什么措施避免问题的再次出现。

下面以一个实际项目中的例子来描述"5 个为什么"技术的基本过程。

(1)为什么客户要求修改的功能会出现这个错误?

答:不理解客户如何使用该功能。

(2)为什么不理解客户使用?不是已经在系统级别需求中明确了吗?

答:已经明确了,但并没有完全理解需求的全部含义。

(3)为什么团队不理解需求的全部含义?

答：没有相关功能所需的知识。

（4）为什么没有相关功能所需的知识？

答：没有开展相关的培训。

（5）为什么没有开展相关的培训？

答：这个项目延期了，团队人员从其他项目调过来没培训就直接干活了。

"5个为什么"技术真正的关键是鼓励缺陷排除者避免假设和逻辑陷阱，通过抽象层直接跟踪因果链，找出根本原因与原始问题的某种联系。对这个例子来说，质疑可以进一步提升到第六、第七甚至更高的水平。

拓深拓宽在实际项目中可以应用于以下三个阶段：第一，计划预测阶段，用于识别架构或系统设计中的高风险区域的过程（如FMEA、风险图表等），进行六西格玛设计（DFSS）；第二，实施预防阶段，为避免第一次引入的错误和缺陷而采取的措施（如需求、架构、设计、工具选择等）；第三，控制保护阶段，用于检测在产品发布之前引入到交付物中的缺陷的过程（如黑盒测试、产品认证测试等）。全生命周期的拓深拓宽如图7-16所示。

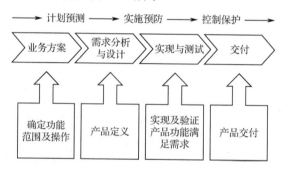

图7-16 全生命周期的拓深拓宽

拓深拓宽流程如图7-17所示。首先参考操作模型练习，利用思维导图等工具提出问题以深挖问题的根本原因。选择性地深入挖掘项目章程范围内的缺陷；在三个阶段中采用"5个为什么"技术找到根本原因；关注流程，缺陷的根本原因分析是拓深拓宽流程的入门标准；拓深拓宽的预防性，即将选定的重要缺陷与过程改进紧密结合在一起。有效的拓深拓宽解决方案应能有效预防在产品平台上再次发生同样的缺陷，并能跟踪缺陷直至其适时关闭缺陷。

在计划预测阶段，分析为什么计划流程没有预测到这个缺陷？如何在流程中预测缺陷的产生并及时截住流出？以问为什么及回答问题的方式找出缺陷产生的根源，即缺陷为什么没有被流程发现及控制。一般会问3~5个为什么，但是也不限于只问5个为什么，而是问到最后把缺陷发生及流出的根源真正问出来后才停止，针对最后一个为什么要提供改善措施、责任人、完成日期等，如图 7-18 所示。

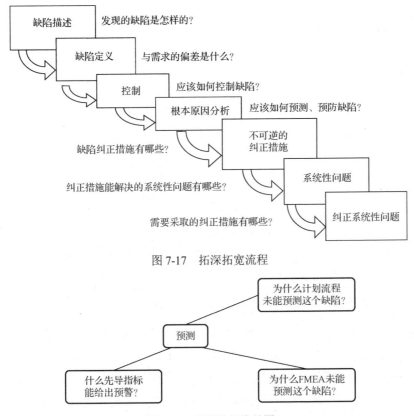

图 7-17 拓深拓宽流程

图 7-18 预测的思维导图

在实施预防阶段，分析为什么实施流程没有预防这个缺陷？如何预防缺陷的发生？接下来以问为什么及回答问题的方式找出缺陷产生的根源。一般会问 3~5 个为什么，但是也不限于只问 5 个为什么，而是问到最后把缺陷发生的根源真正问出来后才停止，针对最后一个为什么要提供改善措施、责任人、完成日期等，如图 7-19 所示。

在控制保护阶段，分析为什么质量控制流程没有预防这个缺陷的流出？如何预防缺陷的流出（即质量控制流程如何监测、围堵缺陷以保证缺陷不会流出）？接下来以问为什么及回答问题的方式找出缺陷流出的根源。一般会问 3~5 个为什么，但是也不限于只问 5 个为什么，而是问到最后把缺陷流出的根源真正问出来后才停止，针对最后一个为什么要提供改善措施、责任人、完成日期等，如图 7-20 所示。

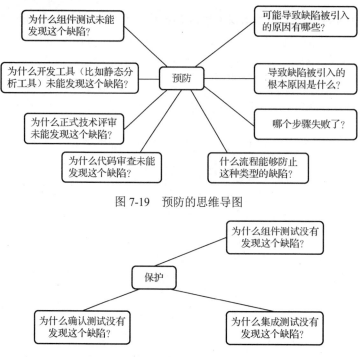

图 7-19 预防的思维导图

图 7-20 保护的思维导图

图 7-18～图 7-20 中的预测、预防和保护可以等同于计划、执行和验证/测试。在内部或外部缺陷上执行拓深拓宽时，如果有可能重复该项目，则可以考虑如何在更大程度上执行测试，如何更高效地预防缺陷（或错误）的发生。

另外，软件组织为了解决系统级别的问题或客户关键问题，成立了失效审查委员会（Failure Review Board，FRB）。FRB 负责评估、验证并发布产品的系统问题解决方案，包括软件、硬件、用户文档等。FRB 建立了一种通用的方法来管理系统问题的解决方案。如图 7-21 所示，基于失效报告日期，分析 2016—2018 年这 3 年来每年的失效报告，数量呈逐年增加的趋势。这表明软件产品质量存在风险，应该引起质量管理人员的重视。

通过分析 2018 年全年软件版本更新情况，发现 2018 年的软件版本更新中有 68%是为了修复缺陷，如图 7-22 所示。经过调查发现，软件组织需要通过提高软件产品质量来减少更新版本的数量。因为每个更新版本的成本大约为 52 000 美元或约 5 人·月。2018 年，所有更新版本的成本之和几乎占到项目总成本的四分之一。经过进一步分析，大约 50%的缺陷是可以预防的。为什么不能阻止这些缺陷的发生呢？调查发现，现有的流程虽然稳定但预防缺陷的能力不足。

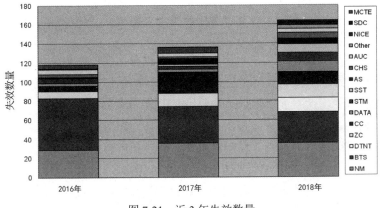

图 7-21　近 3 年失效数量

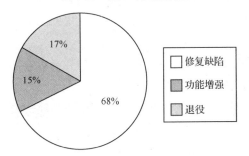

图 7-22　2018 年更新版本

基于项目质量现状的分析，2019 年采用新的缺陷预防方法，即在根本原因分析的基础上，引入漏测缺陷分析，采用拓深拓宽分析来检查和消除引起软件缺陷漏测的流程问题，如图 7-23 所示。

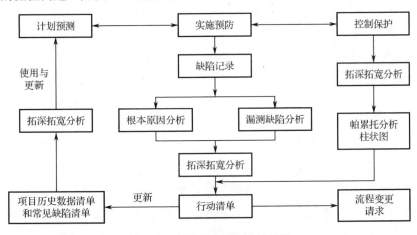

图 7-23　新的缺陷预防方法模型

软件团队常用的缺陷预防举措包括需求文档的审查、更严格的模块评审、深入洞察客户测试、增强向后兼容性等。

需求文档的审查的目的在于：更高质量的需求，比如需求的完整性、明确的需求、更好的需求移交、利益相关者之间的协同及完整的文档/功能走查。需求文档的审查流程要求所有人都做好扎实的准备并逐页走查。

更严格的模块评审要求改进正式技术评审和代码走查质量，旨在防止问题逃逸。要求进行以下改进：基于评审流程描述，重新审核所有经过认证的评审主持人，确保遵循流程；任命关键评审人，确保项目得到彻底评审；检查并更新所有清单（并添加缺失的清单），抓住基础知识并引发讨论；甄别 FTR 工具中的问题记录的可选项来提高效率；逐页检查评审项，增强协同作用并发现更多问题；与 D6.2 相比，在 FTR 期间花费更多的时间，用更少的工作量来调试和修复漏报的问题。

深入洞察客户测试是为了深入了解测试策略和测试用例/场景。直接利用客户输入进行测试，开发潜在的用例用于验证解决方案。绿灯会议上，系统设计分析师和每个模块架构师根据复杂性和风险来决定哪些功能需要实现。鼓励将所有模块放在一起，而不是每个模块逐一改进建议。

增强向后兼容性的主要举措包括关注外部人机交互接口（API）及（图形）用户界面和内部接口。在需求分析和设计阶段要考虑向后兼容性，这是因为整个研发组织都需要意识到向后兼容的重要性，在产品开发活动中定义、沟通和实施兼容性需求，明确子系统接口间的所有权（即由谁创建及维护这些接口），在定义或变更需求文档时有效沟通，更直接更明确地定义系统需求。

测试工作需要大量测试配置（可用部署选项大幅增加），测试工作将得到巩固，确定了常用的模块测试策略。继续加强测试，持续改进自动化回归测试覆盖率，新功能应尽可能创建自动化测试脚本，并在使用场景中集中手动测试，所有平台继续持续集成。Klocwork 的使用保证了在发布中不会引入新的问题，关键的遗留问题将被清除以寻找可能的修复方案。吸取以前项目的经验教训，减少潜在的技术问题。进行缺陷根本原因分析，并评估缺陷预防举措和其他改进举措，其中包括评估实施以往项目经验教训的效果。评估各项质量指标的使用情况，比如缺陷分布曲线、缺陷注入率、缺陷检测率、工作量分布情况和质量成本等。

笔者所在的团队提出了一套完整的软件缺陷预防方法：基于根本原因分析及漏测缺陷分析，有针对性地进行缺陷预防，并引入拓深拓宽分析来检查和消除引起软件缺陷漏测的流程中存在的问题，在提高产品质量和减少软件缺陷的同时降低成本、缩短测试执行交付时间和项目周期。如图 7-24 所示，可以看到在版本

D8.1 及 D8.2 中发现了更多的缺陷。利用新方法找到了缺陷根源并顺利解决。

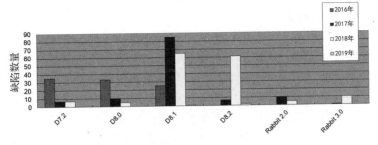

图 7-24 缺陷预防的效果

在解决实际项目问题的同时，也是将根本原因分析、漏测缺陷分析及拓深拓宽分析方法运用在缺陷预防领域的有益尝试。虽然提出的软件缺陷预防方法在项目中得到了验证，但仍需在实际运用中不断收集反馈意见，并持续改进完善。另外，继续收集各种类型的项目缺陷数据，获得更加全面的缺陷数据集以提高缺陷预防的有效性和准确性。可以预见，随着提出的软件缺陷预防方法在实际项目中的不断应用与优化，缺陷数据集将日益丰富与完善，预防效果也将持续改进。

举个项目中漏测缺陷分析的实例。一天，团队接到一个 B3 级别的客户报告问题：个人呼叫不能转接至控制台循环中的某些客户端。这个问题由控制台重新注册触发。控制台被从关联列表中删除（错误操作），因此在调用时永远不会选择作为目标。最终结果是在循环分配中跳过了一些控制台。通过调查发现，该问题是在之前的软件版本实现时引入的。该版本建立了关联控制台之间的映射列表。不幸的是，当已经注册的控制台再次注册时，基站会进行一些清理，以便将控制台从关联的控制台列表中删除。因此，修复方法是在此次清理后重新插入控制台。模拟用户场景开发了相应的测试用例来重现该失效。奇怪的是在新的硬件平台上重现成功，但在较早的硬件平台不能重现，而两套平台上运行的这部分代码一致。深入调查后发现，再次注册控制台后，会调用一个 shell 脚本来检查关联的已注册控制台是否再次注册。该脚本会发送配置和注册请求。发送配置可能会导致在短暂延迟后重新建立关联。这意味着问题只能在很短的时间内观察到，这可以解释为什么会看到不同的结果。重新注册控制台时，测试脚本已更新为注册请求，而无须配置。因此在较早的平台上，成功复现了该问题。新平台比老平台处理效率更高，因此新平台可以在短时间内捕获该问题。这其中还有时机问题。通过 EDA 调查，发现应该进一步调查问题并向开发人员提供分析，例如一些不同平台的比较和 tcpdump 日志分析等，而不仅仅是告诉开发者测试结果，因为仅仅提供结果是远远不够的。

## 7.4 本章小结

现在软件产品的迭代频率越来越高，开发周期越来越短，并且总有更高优先级的需求插队，这些必然要求敏捷开发、基础设施和服务高效且稳定。国内外的主流软件组织都意识到软件质量相当重要，但在进度等压力下又容易被忽视及牺牲，人们更容易关注带来短期效益的直接指标而对改进质量带来的、缓慢的长期收益视而不见。其实软件质量靠的还是整体的构建，单靠其中任何一个环节都是不行的。出于企业文化的原因，可能导致任何改变都无比艰难，牵一发而动全身。因此软件组织改进，需要自上而下，全方位进行。软件质量是核心，质量就是效率。软件质量需要可靠的工具、有效的方法和规范的流程来保证。

本章介绍了业界较为推崇的持续迭代、持续集成和持续改进，这些都需要一个规范的流程来保障，需要团队成员具有共同的质量意识。质量是构建出来的，需要通过人的创造力和科学的运用，找到适合自身的方法。软件组织需要聚焦核心业务价值，平衡质量与效率。

# 参 考 文 献

[1] 赵池龙，程努华，姜晔. 实用软件工程[M]. 5 版. 北京：电子工业出版社，2020.

[2] 朱少民. 软件质量保证和管理[M]. 北京：清华大学出版社，2007.

[3] 秦航，杨强. 软件质量保证与测试 [M]. 2 版. 北京：清华大学出版社，2017.

[4] 郑文强，周震漪，马均飞. 软件测试基础教程[M]. 北京：清华大学出版社，2015.

[5] 贺平. 软件测试教程[M]. 3 版. 北京：电子工业出版社，2014.

[6] MIKE H，TAO Z. An Instance of DFSS on Matrix Radio Power up Performance Optimizing[C]. Motorola Technical Symposium，2008, 4(1): 1136-1142.

[7] CSTQB. ISTQB 认证测试工程师基础级大纲 2018 V3.1 版[EB/OL]. www.cstqb.cn，2019.

[8] CSTQB. ISTQB 认证测试工程师高级大纲测试自动化工程师 2016 版[EB/OL]. www.cstqb.cn，2018.

[9] CSTQB. ISTQB 认证测试工程师高级大纲测试人员 2012 版[EB/OL]. www.cstqb.cn，2015.

[10] CSTQB. ISTQB 认证测试工程师高级大纲测试经理 2012 版[EB/OL]. www.cstqb.cn，2015.

[11] CSTQB. ISTQB 认证基于模型测试工程师基础级大纲 2015 版[EB/OL]. www.cstqb.cn，2017.

[12] CSTQB. ISTQB 认证测试工程师高级技术测试人员大纲 2012 版[EB/OL]. www.cstqb.cn，2015.

[13] CSTQB. ISTQB 认证测试工程师基础级敏捷测试工程师大纲 2014 版[EB/OL]. www.cstqb.cn，2015.

[14] CSTQB. ISTQB 认证测试工程师高级敏捷测试技术大纲 V1.1 版[EB/OL].

www.cstqb.cn，2019.

[15] ISO/IEC/IEEE 12207: 2017 Software and software engineering—Software life cycle processes[S]. 2017.

[16] 信息技术软件生存周期：GB/T 8566—2007 [S]. 2007.

[17] 林锐. CMMI 3 级软件过程改进方法与规范[M]. 北京：电子工业出版社，2003.

[18] 刘桂林. 关于软件工程标准化现状的思考[J]. 江苏信息科技. 2017, 16(6): 79-80.

[19] ISO/IEC DIS 90003(E). Software engineering—Guidelines for the application of ISO 9001: 2015 to computer software[S]. ISO. 2017.

[20] GODBOLE N S. 软件质量保障：原理与实践[M]. 北京：科学出版社，2010.

[21] ISO/IEC 30130：2016 Software engineering—Capabilities of software testing tools [S].

[22] 张浩华，赵丽，王槐源. 软件质量保证与测试技术研究[M]. 北京：中国水利水电出版社，2015.

[23] 卡内基梅隆大学软件工程研究所 SEI. CMMI®开发模型（2.0 版）[S]. 2018.

[24] TMMI 协会. TMMI®测试成熟度模型集成（1.2 版）[S]. 2018.

[25] 李慧贤，刘坚. 数据流分析方法[J]. 计算机工程与应用，2003, 39(13): 142-144.

[26] 马均飞，郑文强. 软件测试设计[M]. 北京：电子工业出版社，2011.

[27] 董昕. 一种新的数字集群通信系统网关内存测试方法[J]. 现代电子技术，2015, 38(7): 34-38.

[28] 董昕，王杰. 一种自动生成软件测试用例的新方法[J]. 计算机应用与软件，2017, 34(10): 46-50.

[29] 董昕，王杰，邹巍. 网络实时音频 QoS 性能分析新方法[J]. 电讯技术，2018, 58 (9): 1096-1102.

[30] 董昕，郭勇，王杰. 基于 DevOps 能力模型的持续集成新方法[J]. 计算机工程与设计：2018, 39(7): 1930-1937.

[31] 朱二喜，华驰，徐敏. 软件测试技术情景式教程[M]. 北京：电子工业出版社. 2018.

[32] ISO/IEC/IEEE 29119-4:2015 Software and systems engineering—Software testing. Part 4: Test techniques[S].

[33] 李香菊，孙丽，谢修娟，等. 软件工程课程设计教程[M]. 北京：北京邮电大学出版社，2016.

[34] 余慧敏，徐白，周楷林，等. 动态软件测试中的白盒测试和黑盒测试探讨[J].电子测试，2018, (8): 58-59.

[35] 周元哲. 软件测试[M]. 北京：清华大学出版社，2013.

[36] 韩利凯，高寅生，袁溪. 软件测试[M]. 北京：清华大学出版社，2013.

[37] KAKKONEN K. Dragons Out [M]. Austin Macauley Publishers, 2021.

[38] VALACICH J S, GEORGE J F, HOFFER J A. 系统分析与设计基础[M]. 6版. 北京：清华大学出版社，2018:24-30.

[39] 普莱斯曼，马克西姆. 软件工程：实践者的研究方法（原书第8版）[M]. 机械工业出版社，2019:29.

[40] 计算机软件编制规范：GB/T 8567—2006[S]. 2006.

[41] 吴文传，张伯明，巨云涛，等. 配电网高级应用软件及其实用化关键技术[J]. 电力系统自动化，2015, 39(01): 213-219, 247.

[42] 杨志义. 配电网运行数据采集和监控平台的研究与实现[D]. 北京：华北电力大学，2017.

[43] 刘健，吴媛，刘巩权. 配电馈线地理图到电气接线图的转换[J]. 电力系统自动化，2005(14): 73-77.

[44] 宋适宇，何光宇，徐彭亮，等. 输电网单线图的自动生成算法[J]. 电力系统自动化，2007(24): 12-15.

[45] 陈勇，邓其军，周洪. 无重叠交叉的配电网单线图自动生成算法[J]. 电力自动化设备，2010,30(11): 90-93.

[46] 廖凡钦，刘东，闫红漫，等. 基于拓扑分层的配电网电气接线图自动生成算法[J]. 电力系统自动化，2014, 38(13): 174-181.

[47] 韩文明. 基于CIM模型的配电网单线图自动生成[D]. 上海：东华大学，2013.

[48] 北京国科恒通电气自动化科技有限公司. 电网地理信息系统中配电单线图的自动布局方法：201010285953[P]. 2012-04-04.

[49] 周博曦，孟昭勇，王志臣，等. 基于CIM的变电站与配电馈线一次接线图自动绘制算法[J].电力系统自动化，2012, 36(11): 77-81.

[50] 章坚民，叶义，徐冠华. 变电站单线图模数图一致性设计与自动成图[J]. 电力系统自动化，2013, 37(09): 84-91.

[51] 章坚民，叶琳，孙维真，等. 基于地理相对位置的省级输电网均匀接线

图自动生成[J]. 电力系统自动化, 2010, 34(24): 55-59.

[52] 陈连杰, 赵仰东, 韩韬, 等. 基于层次结构及模型驱动的配电网图形自动生成[J]. 电力系统自动化, 2015, 39(01): 226-232.

[53] 陈璐, 陈连杰, 欧阳文, 等. 基于环形结构的配电网联络图布局算法[J]. 电力系统自动化, 2016, 40(24): 151-156.

[54] 陈兵, 赵肖旭, 施伟成, 等. 配电网网格化自动成图的实现[J]. 电力工程技术, 2017, 36(06): 100-105.

[55] LI C, UENO M. An extended depth-first search algorithm for optimal triangulation of Bayesian networks[J].International Journal of Approximate Reasoning, 2017, 80: 294-312.

[56] 陶华, 杨震, 张民, 等. 基于深度优先搜索算法的电力系统生成树的实现方法[J]. 电网技术, 2010, 34(02): 120-124.

[57] 朱凌, 魏可慰, 张琴, 等. 基于深度优先搜索算法的电力系统拓扑建模[J]. 电子设计工程, 2018, 6(19): 43-47.

[58] WIEGERS K, BEATTY J. 软件需求[M]. 3 版. 北京: 清华大学出版社, 2014: 14-17.

[59] 骆斌, 丁二玉. 需求工程——软件建模与分析[M]. 2 版. 北京: 高等教育出版社, 2015: 79-81, 148-158.

[60] 能量管理系统应用程序接口（EMS-API）第 301 部分: 公共信息模型（CIM）基础: DL/T 890.301-2004[S].

[61] 能量管理系统应用程序接口（EMS-API）第 1 部分: 导则和一般要求: DL/T 890.1-2007[S].